县域经济与乡村振兴丛书

乡村森林公园

感知偏好调查与优化策略

刘祎平 著

OPTIMIZATION STRATEGIES OF RURAL FOREST PARKS BASED ON PERCEPTION PREFERENCE SURVEY

中国社会科学出版社

图书在版编目（CIP）数据

乡村森林公园感知偏好调查与优化策略/刘祎平著．—北京：中国社会科学出版社，2023.4

（县域经济与乡村振兴丛书）

ISBN 978-7-5227-1644-2

Ⅰ.①乡… Ⅱ.①刘… Ⅲ.①农村—森林公园—旅游业发展—研究—中国 Ⅳ.①S759.992②F592

中国国家版本馆 CIP 数据核字(2023)第 050996 号

出 版 人 赵剑英
责任编辑 孔继萍
责任校对 周 昊
责任印制 郝美娜

出 版 中国社会科学出版社
社 址 北京鼓楼西大街甲 158 号
邮 编 100720
网 址 http://www.csspw.cn
发 行 部 010-84083685
门 市 部 010-84029450
经 销 新华书店及其他书店

印刷装订 北京市十月印刷有限公司
版 次 2023 年 4 月第 1 版
印 次 2023 年 4 月第 1 次印刷

开 本 710×1000 1/16
印 张 12.5
插 页 2
字 数 201 千字
定 价 78.00 元

目　　录

绪　言

当前中国已经进入了城乡互动与统筹发展的转型时期，随着2020年脱贫攻坚任务的圆满完成，国家已将工作重心转向乡村振兴，并积极推进美丽乡村建设。乡村振兴是一项综合性系统工程，涉及产业、生态、文化、组织等众多方面。然而，乡村环境是乡村建设的物质基础，也是乡村发展可资利用的宝贵财富。可以说，优美的乡村人居环境是乡村振兴战略实施的前提条件。对于乡村环境而言，广袤的森林资源为乡村致富创造了便利条件。分布于城市外围、与村落相伴相生的森林公园，不仅有助于维护乡村生态环境、改善乡村人居环境，还能通过优化乡村产业结构，带动村民返乡就业、促进乡村社会和谐。通过乡村森林旅游产业发展，森林公园可以有效满足城市居民的消费需求，加强城市居民与乡村居民的交流，并成为城乡互联互通的纽带，对于乡村振兴而言具有重要意义。

多年来，以森林公园为主要依托的乡村森林旅游业一直保持着较高的增长速度，根据国家林业局公布的统计数据，“十三五”时期我国森林旅游游客量达75亿人次，占国内旅游总人数的近30%①，森林旅游已成为我国旅游业的重要组成部分，并在推动我国旅游业又好又快的发展中显示出强劲动力。随着居民生活水平的不断提高，人们对走进森林、体验自然的需求日益迫切，形式也更加多样化，这是经济社会发展的迫切要求，在这一要求下，森林旅游也已逐渐成为推动绿色低碳发展的重点

---

① 国家林业和草原局森林旅游管理办公室：中国森林旅游2018十件大事，国家林业和草原局政府网，http：//www. forestry. gov. cn/main/72/20190117/163319036474397. html。

领域。此外，中共中央、国务院于 2016 年 10 月印发了《“健康中国 2030”规划纲要》，在实施“健康中国”战略的大背景下，森林康养作为大健康产业与旅游产业相结合的产物，能够同时满足人们对于旅游休闲和健康疗养的双向需求，其作为人们当前旅游的新诉求，正受到社会各界的日益重视。2017 年中央一号文件提出“大力改善森林康养等公共服务设施条件，充分发挥乡村各类物质与非物质资源富集的独特优势，利用‘旅游 +’‘生态 +’等模式，推进农林业与旅游、文化、康养等产业深度融合”，为森林旅游发展指明了方向。森林康养产业应当基于宏观政策，结合森林资源的相关康疗特性，探寻森林康养旅游的发展路径。

从森林旅游与森林康养的角度来说，除了良好的空气质量，森林环境中优越的视听条件也使其成为人们亲近自然、放松身心的理想场所（Wang 等，2016；Chen 等，2018；李华等，2018）。现今人们已普遍认识到森林的氧吧功能以及森林动植物的食疗和药用功能，但对森林公园中视听资源与人们心理生理恢复关系的定量研究仍然有所缺失。对森林视听资源的评价与保护是森林资源开发与管理的重要抓手，而发挥人居环境科学在人类环境感知偏好方面的知识优势和研究特色，无疑可以为森林旅游与森林康养产业的发展提供良好的理论基础与策略保障。在森林旅游高速发展和大力倡导森林康养的宏观背景下，关注旅游者在森林环境中的视听交互作用对旅游者感知偏好和心理恢复方面的影响至关重要。面对乡村森林旅游和康养旅游的巨大市场需求，以及人们改善生存环境、提升健康水平的迫切愿望，有必要在科学的理论与方法指导下开展森林资源的保护与森林环境规划设计。通过量化评价手段研究人类对森林公园景观的视听综合感知偏好特征，可以尽量避免由于忽视认知规律而造成的盲动，为科学营造森林旅游环境提供决策支撑。

本书将环境心理学理论、声景理论、认知科学中的视听感知交互理论与可穿戴生理传感设备引入森林公园景观感知偏好的探索与验证中，主要希望实现以下两个研究目标：（1）在规律上，探索森林旅游者对森林公园声景的喜好特征，并通过特定的视听场景再现，挖掘森林公园景观感知偏好中的视听交互作用，积累与补充有关森林公园景观感知偏好的基础性数据，在此基础上进行理论阐释与概括，得出具有普适意义的结论，为今后公众感知特征的多维度比较、建立更加科学的环境感知偏好体系作出尝试。（2）在应用上，尝试基于视听交互下的森林公园景观感知偏好结果，提出森林公园景观视听资源的优化策略，指导森林康养旅游的开发设计与保护管理实践。

本书的研究内容主要涉及六个方面：

环境感知偏好研究的多元理论支撑系统。利用眼动追踪技术，考察森林旅游者在森林公园景观感知偏好中的视听交互作用，采取了学科交叉的研究方式，离不开对相关概念和理论的界定与解析。本书首先通过理论回顾和实地调研，对森林公园景观和声景概念进行了界定与解释。同时，对本书所涉及的视听交互作用和视觉追踪技术的相关理论进行了介绍。此外，在人居环境科学视角下，针对环境审美偏好、声景理论以及环境感知偏好中的视听交互研究三个研究领域进行系统的介绍，为本书中的其他研究内容确立理论基础。

森林公园景观视听资源的量化调查与实验设计。通过实验室研究分析视听交互作用对森林公园景观感知偏好的影响，需要建立一套森林公园景观视听资源的量化调查程序。本书第四章便是对研究整体逻辑框架和具体研究程序的构建与阐述。在该部分中，首先通过理论研究与田野调查对森林公园景观特征进行描述，并通过声景漫步确立森林声源分类框架。在此基础上，制定森林旅游者森林公园声景喜好特征研究的调查与分析过程，进而介绍森林公园视听数据的采集与处理方式，并对实验室研究中被调查者感知偏好的测度指标和具体实验过程加以阐述。

森林公园声景喜好特征研究。本书第五章主要针对有过森林旅游经验的旅游者和潜在森林旅游者进行问卷调查，初步分析森林旅游者对森林公园声景的喜好特征。该部分的研究结果既是后续在田野调查中进行森林声信号采集的理论依据，同时本身也对森林公园声景保护和森林公园景观规划具有理论指导意义。森林旅游者的森林公园声景喜好特征研究主要由两部分构成：第一部分是森林旅游者森林声源喜好特征分析及森林声源的系统聚类，主要采用 Likert 调查量表和聚类分析方法。第二部分为森林旅游者森林整体声环境喜好特征分析，主要采用语义差异量表和因子分析方法。

森林公园景观与声信号类型对旅游者感知偏好的综合影响。在视听结合的实验环境下，对前期的初步调查结果进行验证式研究。在该阶段，引入眼动追踪技术，基于眼动指标和主观评价指标探索森林旅游者在不同声信号影响下对相同森林公园景观类型的感知差异，以及森林旅游者在相同声信号影响下对不同类型森林公园景观的感知差异。通过对比组的交叉分析，考察森林旅游者在欣赏森林场景时的视听交互作用，以及森林旅游者在视听综合环境中对森林公园景观的感知特征。此外，还将研究视听综合环境中，被调查者眼动指标与主观评价维度（视觉美学质量、宁静度）的相关性。

视听综合环境下森林公园景观要素与感知偏好的交互作用。在上述研究的基础上，引入被调查者的在眼动追踪实验中生成的眼动热点图加以进一步的考察，眼动热点图可以直观地反映被调查者具体关注了哪些森林公园景观要素。通过量化被调查者在眼动热点图中的注视热区，定量分析森林旅游者在不同视听条件下对森林公园景观要素的关注特征，并建立森林公园景观要素在视听综合环境下与被试感知偏好指标之间的影响模型。

森林公园景观设计优化策略研究。基于以上研究结果提出相应的森林公园景观设计优化策略。主要内容包括满足森林旅游者的声喜好、关注森林旅游者的视听综合感知偏好与优化森林公园景观视听要素配置三个方面。

鉴于上述研究内容，本书拟解决的关键问题主要包括以下几点：(1) 构建森林声源分类框架，考察森林旅游者对森林中单一声源及整体声环境的喜好特征，并基于森林旅游者的声源喜好特征对森林声源进行聚类归纳，为典型的森林声信号采集提供理论指导。(2) 考察视听综合环境中，不同声信号对森林旅游者主观评价、眼动行为和心理恢复的影响；考察视听综合环境中，森林旅游者对不同森林公园景观类型感知偏好的差异以及森林公园景观对森林旅游者心理恢复的作用。(3) 比较森林旅游者在纯视觉条件下以及视听综合条件下注视行为的差异；考察森林旅游者在不同声信号影响下对各类景观要素的关注差异，以及视听综合环境中具体森林公园景观要素对森林旅游者感知偏好以及心理恢复的影响。(4) 考察在视听综合环境中，森林旅游者欣赏森林公园景观时各类感知偏好指标之间的相关性。

面对森林旅游和康养旅游的巨大市场需求，以及人们改善生存环境、提升健康水平的迫切愿望，有必要在科学的理论与方法指导下开展森林资源的保护与森林环境规划设计。通过量化评价手段研究人类对森林公园景观的综合感知特征，可以尽量避免由于忽视认知规律而造成的盲动，为科学营造森林旅游环境提供决策支撑，这也是本书关于乡村森林公园感知偏好调查与优化的主要目的，具体而言，可以体现在以下几个方面：

满足乡村振兴的战略需求。随着2020年脱贫攻坚任务的圆满完成，巩固脱贫攻坚成果、实现脱贫攻坚与乡村振兴的有效衔接成为新阶段乡村建设中的主要工作。乡村振兴是一项综合性系统工程，但乡村环境是乡村建设的物质基础，也是乡村发展可资利用的宝贵财富。可以说，优美的乡村人居环境是乡村振兴战略实施的前提条件。对于乡村环境而言，广袤的森林资源为乡村致富创造了便利条件。通过乡村森林旅游产业发展，森林公园可以有效地满足城市居民的消费需求，加强城市居民与乡村居民的交流，并成为城乡互联互通的纽带。对于森林公园而言，除了其天然氧吧功能及森林动植物的食疗和药用功能外，森林公园中独特的视听资源对于人们心理生理恢复也具有积极影响。如何定量识别这种康复效果，并在此基础上对森林公园中的视听资源加以有效的改良和管理，无疑会进一步增加森林公园对城乡居民的吸引力，并继而通过乡村人居环境改善助力乡村振兴战略的实施。

满足新时期城乡居民对森林旅游的诉求。乡村森林以自然资源为依托，以生态发展为导向，注重人与自然协调，已经并将进一步成为人们逃离以雾霾普增、交通拥堵为典型特征的"城市病"的重要选择，也是城乡居民集宜居、宜业、宜游、宜养功能于一体的现代品质生活的理想选择（庞波、倪建伟，2018）。本书基于人居环境科学的视角，以视听交互作用下的环境感知偏好为切入点，可以为森林旅游发展和森林公园景观特色的保护、营建及管理提供新的思路。

应对森林康养产业发展的要求。2019年，国家林业和草原局民政部国家卫生健康委员会国家中医药管理局等多部委联合发布《关于促进森林康养产业发展的意见》[①]，意见提出：森林康养是以森林生态环境为基础，以促进大众健康为目的，利用森林生态资源、景观资源、食药资源

---

① 林改发［2019］20号，《关于促进森林康养产业发展的意见》。

和文化资源并与医学、养生学有机融合，开展保健养生、康复疗养、健康养老的服务活动。发展森林康养产业，是科学、合理利用林草资源，践行“绿水青山就是金山银山”理念的有效途径，是实施乡村振兴战略、健康中国战略的重要措施，是林业供给侧结构性改革的必然要求，是满足人民美好生活需要的战略选择，意义十分重大。目前，在我国较为丰富的自然资源现状及中央号召的建设大健康产业体系的背景下，各地现已广泛开展森林康养产业建设，同时全国“森林康养基地”试点评选活动也已完成四批评选。从康养角度来说，现今人们已普遍认识到森林的天然氧吧功能以及森林动植物的食疗和药用功能，但对森林中视听资源与人们心理生理恢复关系的定量研究仍然有所缺失。视听感官诱发的心理反馈是人们面对环境变化最直接的响应，很大程度上影响着人们的压力恢复和身心健康，因此在视听综合环境中挖掘人们心理负荷的变化规律是促进森林康养产业发展的重要抓手之一。

响应自然声环境质量改善的需求。环境噪声的防治是保障声环境质量的基础，也是生态文明建设水平的体现。尽管目前的水、土壤、空气三大环保问题比较突出，但与广大居民日常生活、健康以及福祉息息相关的噪声问题同样不容忽视。20 世纪末，联合国环境署在“环境状况之拯救共同星球”中提到了噪声加剧问题，指出发展中国家的噪声污染日趋严重。2010 年，针对城镇化引起的噪声污染，我国十一个相关部门联合发布了《关于加强环境噪声污染防治工作改善城乡声环境质量的指导意见》①。该意见明确将“风景名胜区”“自然保护区”等地区列为噪声敏感区。在此背景下，开展关于森林视听环境感知偏好的研究，对于改善声环境质量、丰富声环境管理手段、推动生态环境建设、促进居民环保意识等方面均具有积极作用。

完善环境感知偏好体系。在自然层面关注人居环境生态响应机制，在人文层面分析使用者的环境行为感受是人居环境科学理论研究的两大主线。人对环境的感知是一个全面综合的过程，人类在通过五感获取环境信息的过程中，又以视觉和听觉最为重要。然而在早期的景观评价研

① 环发［2010］144 号，《关于加强环境噪声污染防治工作改善城乡声环境质量的指导意见》。

究中主要以视景为研究对象，忽视了声景在人类环境感知中的作用。近年来，随着国外声景研究的不断开展，我国也在声景研究领域进行了相应探索，并逐渐摆脱以往单一依赖视觉进行的景观调查，开始转向综合感官作用下的环境行为研究。但相比于国外，我国在基础数据的收集以及基于基础数据的分析总结与理论积累等方面仍然有所欠缺。因此，开展综合感官作用下的景观评价研究对于全面揭示公众感知特征与建立更加科学的多维量化评价体系都具有重要的理论意义。

第一章

森林公园及视听交互的内涵与特征

第一节　森林公园景观的概念

以森林景观为欣赏载体，建立森林公园是目前乡村森林旅游中对森林资源最普遍的保护与开发模式。森林公园中的景观（forest landscape）一般可以从两个方面进行理解，一是从生态学的视角将森林公园景观视为生态客体加以阐述，即认为森林公园景观是指在一定的地理区域内，在气候、土壤和生物等多种因素长期综合作用下形成的、以森林植被为主体的具有异质性的空间单元，即某一特定区域里的数个异质森林群落或森林类型构成的复合森林生态系统。一个森林公园景观的动态变化就是这些森林单元在各种不同环境条件控制下的动态变化的总和（王九龄，2002）。二是从旅游者的角度看，森林公园景观是在某一时空点上视野范围内以森林植被为主体的一种自然景色，这种自然景色是在一定的位置、气候、土壤、生物和人类活动等多种因素长期综合作用下形成的，并在人脑中加以反映的产物。本书以视听交互下的环境感知偏好为出发点，对森林公园景观的理解更偏向于后者，即将森林公园景观视为以人为本进行观赏与感知的旅游资源。在中国，森林旅游一般以森林公园为载体，森林公园从功能分区上包括核心区、缓冲区实验区和外围保护地带四个功能区，这是根据保护性质、对象及功能划分的。在核心区和缓冲区内都不允许开展任何影响自然生态环境健康发展的活动，以及安排任何破坏生态环境的建设项目。核心区是保存最完好的处于天然状态的生态系统以及濒危动植物的集中分布地带，因此该区域禁止任何单位和个人随意进入，也不允许进入从事科学研究活动。在核心区外围划定一定面积的缓冲区对核心区进行环绕，该区域只允许进入从事科学研究活动。实验区和外围保护地带位于缓冲区周围，是一个多用途的地区。可以进入从事科学实验、教学实习、参观考察、旅游以及驯化、繁殖珍稀、濒危野生动植物等活动，还包括有一定范围的生产活动，同时允许建设少量居民点和旅游设施。因此，本书所指的森林公园景观，主要是指位于森林公园实验区和外围保护地带内，通过规划设计并允许游客参观体验的，以自然资源为主，兼顾多种人文禀赋的景观。

关于森林公园景观结构的分类，大多数学者按照植物地理学和森林生态学的原理进行划分。由于地理环境因素长期演变协调，或局部地貌条件影响一个区域内存在若干天然森林类型，并呈现彼此镶嵌现象，共存共荣，相对稳定，因此，需要将每一个森林类型（或称森林生态系统）视为景观要素，研究它们的空间分布格局、生态关系及相互作用机制。在具体分类方面，可以气候带为标准，将森林公园景观划分为寒温带针叶林、温带针阔混交林、暖温带落叶阔叶林、亚热带常绿阔叶林、热带雨林季雨林和青藏高原高寒植被等（杨帆，1996：58—61）。与此观点相似，韦新良等（1997：41—44＋51）从景观基质层角度，将森林公园景观分为针叶林景观（亚类包括落叶松林、云杉或冷杉林景观、樟子松林景观、西伯利亚红松林景观、柏木林景观、暖性针叶林景观）、阔叶林景观（亚类包括落叶阔叶林、常绿落叶阔叶混交林、常绿阔叶林、硬叶常绿阔叶林、季雨林和雨林）、山地矮林景观、灌丛景观、竹林景观（亚类包括湿性竹林、暖性竹林和热性竹林）和经济果木林景观（亚类包括水果林、干果林、木本油茶林、特种经济林和其他经济林）。从景观生态学理论出发，以景观空间格局为划分依据可以将森林公园景观分为多级类型（孙玉军等，2003：2540—2544；洪玲霞等，2004：717—725；梁力尹，2008），如根据土地覆被状况可以将森林公园景观分为林地、水体、农业用地、建筑用地和公园等一级景观类型，根据植被组成外貌特征划分二级景观类型，如阔叶林、针阔混交林、针叶林、灌丛草坡、竹林等，最后依据植被分类单位中的群系组成划分三级景观类型，如桉树群系、马占相思群系等，从一级分类到三级分类，空间尺度逐步细化，景观内的类型数和斑块数也在逐级增加。此外，按照森林起源，可以将森林公园景观分为天然林和人工林，按照林相可以将森林公园景观分为单层林、复层林和连层林，按树种组成可以将森林公园景观分为单纯林和混交林，按林木年龄构成可以将森林公园景观分为同龄林和异龄林，按实用功能可以将森林公园景观分为防护林、用材林、经济林、薪炭林和特种用途林等。

除以上分类外，还有一类重要的分类手段即是将森林公园景观视为审美空间对其进行视觉和身体感知层面上的划分，这种划分方式以人的主观感受为出发点，因此更贴合旅游者的亲身感受。如依据空间感知特点可以将森林公园景观分为水平郁闭型、垂直郁闭型、稀疏型、空旷型和园林型（陆兆苏等，1991：1—6 +19）。以观景者的不同视域尺度出发（韦新良等，1997），将森林公园景观分为树木景观（10 米以内的近距离观景）、林带景观（10—100 米的中距离观景，且景域宽度 10—100 米）、林分景观（10—100 米的中距离观景，且景域宽度 10—100 米）和林班景观（100—1000 米的远距离观景）。陈有民（1982）曾将中国的风景名胜划分为高山、中山、低山、丘陵、草原、湖泊、峡谷、瀑布等 30 种类型之多，虽然这种分类方式有对地理因素的考量，但更多体现出风景鲜明的视觉感知和空间构成特征。本研究重在考察浙江、福建地区的森林风景区，通过实地调研并结合上述分类方式，再结合专家意见，主要从视觉感知、空间特征和人工化程度三个方面出发，将森林公园景观分为森林草甸、森林道路、森林湖泊、森林聚落、山顶景观，林下景观和森林峡谷 7 个类型，基本涵盖了森林旅游者在游览过程中体验频率最高、最具典型特征的森林公园景观类型。

第二节 声景特征

声景概念于 20 世纪 60 年代末由加拿大音乐家 Schafer 作出完整定义。Schafer 使用“基调声（keynote sounds）”“信号声（signals）”和“标志声（soundmarks）”来限定一个特定的声环境（Schafer，1999），这一充满音乐学色彩的描述最初是希望人们能够像聆听音乐作品一样来感受身边环境中的声音，并通过收集自然环境中有意义的声音，唤起人们对于自然声环境的保护意识，然而其强调人体主观感知并赋予声音意义的理论阐释为传统声学研究打开了一扇新的窗户。声景（Soundscape）考察人、听觉、声环境与社会心理之间的相互关系，兼顾声音的客观属性与人们的主观感受，其主要目的是研究如何保护、鼓励和增加环境感知中有意义的声音，而屏蔽和削弱那些无聊或有害的声音（康健、杨威，2002：76—79）。近年来，随着声景观研究的发展，环境中的声音资源越来越受到重视。在国际标准化组织（ISO）制定的“声景：定义和概念框架”中，声景被定义为“个人、团体或社区在给定情景下感知、体验或理解的声环境”。

基于以上对声景的定义可以发现，声景概念区别于传统意义上的声学环境，更强调人的体验以及人对声环境的反馈与重构。与传统噪声管制将声音视为简单的物理量进行声压级控制不同，声景更加重视听者基于自身背景的真实感受以及周边环境的复杂性。声景浸染着文化认知、时间及空间等维度，是一个立体且动态的事物（许晓青等，2016：25—30）。

声景研究综合物理、工程、社会、心理、医学、艺术等多学科，而研究声景的学者分布于声学、建筑学、城乡规划学、风景园林学、生态学、信息学、通信学、人文地理学、法学、语言学、文学、哲学、教育学、心理学、人类学、政治学、社会学、民族学、宗教学、医学、美学、设计学、音乐学、媒体艺术学等各个领域。鉴于声景研究的多学科特征，国际上已建立了一系列跨学科、跨行业的研究联盟，如2006年成立的英国噪声未来联盟（UK Noise Future Network），2009年成立的欧洲声景联盟（Soundscape of European Cities and Landscapes），2012年成立的全球可持续发展声景联盟（Global Sustainable Soundscape Network）等。国际标准化组织亦于2008年成立了声景标准委员会ISO/TC43/SC1/WG54，旨在制定评价声景质量的标准方法（康健，2014：4—7）。

声景研究在研究方法上时常运用社会科学领域较为成熟的“三角法（Triangulation）”，即通过调查者主导的问卷调查、环境使用者主导的叙事访谈以及利用科学仪器进行的数据调查，对声景现象和声景感知进行研究。其基本理念是通过整合使用不同调研技术所获取的信息，平衡单个方法的优缺点，对研究对象同时采取定性和定量的考察，降低系统错误的可能性，进而增加研究结果的可靠性（何谋、庞弘，2016：88—97）。这种方法与传统视觉景观的感知偏好方法有很多相似性和兼容性，有利于互相借鉴为进一步的视听交互研究提供路径参考。本书通过引入声景概念和声景的知识体系，以便为视听交互作用下的森林公园景观感知偏好研究提供更强有力的理论支撑。有关声景相关的研究进展将在第二章第三节详细展开论述。

第三节 视听交互作用

人有视觉、听觉、嗅觉、味觉和触觉五种知觉，统称“五感”。人们对于景观的感知也是“五感”协同作用的综合结果。然而，在人居环境规划设计和人居环境理论研究中，大多秉持唯空间视觉论的原则，而忽略了其余感官在环境感知中发挥的作用（吴硕贤，2015：38—39）。在视觉之外，听觉、嗅觉、味觉和触觉都可以唤起截然不同的情感反应，加深人们对环境的体验与记忆，甚至引导人们的行为活动。不仅如此，不同感官的感觉之间存在相互作用，体现在对某种感官进行刺激时可能会显著影响其他感官对特定环境的感知偏好。

事实上，人在环境中的感知并非只有以上“五感”，还包括动觉、平衡知觉和湿热感等。但即便如此，仍有研究表明人们对于环境的认知有85%来自于视觉感官，10%来自于听觉感官（翁玫，2007：46—51），因此视觉和听觉构成了我们感知身边环境最重要的两种感官。对于高等动物和“五感”正常的人类，视觉与听觉感官在认知能力和认知程度上均比其他几种感官有了极大提高，主要表现在距离的推定、时间的提前和精度的增强等方面，取替甚至于局限了其他感官的认识功能，因此，视听知觉在环境感知过程中的作用显然更加突出。认知心理学的研究表明，视觉与听觉是会互相影响或者说“交互”（Interaction）的。在环境感知过程中，视听作用的交互强度并非一成不变，而会随着环境刺激的变化呈现此消彼长的状态。一般规律表明，较弱的感官刺激具有提高相对较强感官感受的作用，而较强的感官刺激则会降低相对较弱的感官感受。在认知科学中，往往用“最大似然估计”来描述多感官通道线索的加权认知效果。当图像和声音同时出现时，神经网络必须根据视听两种线索的权重来判断对谁采信多，对谁采信少，最后得到一个最大似然估计。最大似然估计如下式所示：

$$S_{VA} = W_A S_A + W_V S_V$$

式中，W 代表权重，S 代表线索，A 代表听觉，v 代表视觉。总体视听认知效果等于视觉和听觉线索乘以各自权重后的总和。视觉影响占据主导的总体认知称为"视觉捕获"（Visual Capture），听觉影响占据主导的总体认知则称为"听觉捕获"（Auditive Capture）。

"腹语效应"（ventriloquist effect）和"麦格克效应"（McGurk effect）是"视觉捕获"的典型案例。当木偶表演者用腹语为手中的木偶配音时，坐在表演者面前的观众会认为声音是从木偶口中发出的。尽管听觉系统传来的信息表明声音偏离了木偶的嘴巴，但由于木偶的嘴巴在动，因此大脑在处理视听线索时还是会给视觉更大的权重。与"腹语效应"相比，"麦格克效应"更为典型（Buzdar 等，2017：1350）：在该实验中，实验人员为被试戴上耳机，耳机里播放"Ga - ga"的声音，但在被试面前有一个人嘴巴作出"Ba - ba"的口型，此时被试会认为听到的是"Da - da"声。而被试一旦闭上眼睛，立刻会清晰地听到耳机中传来的"Ga - ga"声。

"听觉捕获"相对"视觉捕获"略微少见，但也客观存在。例如看到两根平行的线条匀速接近，重合后再彼此远离，可能很难猜测这两根线条是否发生了碰撞。然而当同一个实验环境下，在线条相交的一瞬间播放一个类似碰撞的声音，即使这个声音客观上并不来自线条，但主观上仍然会认为两根线条是碰撞后彼此弹开，并且很难相信它们没有相撞只是交叉前行。此外，联觉现象表明，人们聆听音乐时往往能产生相应的视觉画面，即产生视听联觉。显然，视听联觉的协同作用可以促进人们对环境形成快速而准确的认知。联觉现象还表现在当某种感觉缺失或受损时，其他感觉也会予以补偿，例如视觉受损的人对听觉信息异常敏感（胡正凡、林玉莲，2012）。

可以发现，在实际生活中，视听交互作用往往存在两种表现：一是视听线索之间的相互影响，此时的视听交互作用是相对消极的，或是视觉线索造成听觉感官的错误判读，抑或是听觉线索对视觉感官形成误导。二是视听线索协同工作、互为补充，让人类对周围环境的知觉更为全面和准确。其实无论是视听交互的消极作用还是积极促进作用，都代表着人对周边环境的真实感知特征，对于人类这一感知规律的研究，有助于在景观规划与设计中通过对视觉与听觉要素的巧妙把控与调整，创造更加舒适宜人的环境。目前，视听交互作用已开始逐渐在环境规划设计领域得到重视，本书也充分尊重视听交互作用的外在表现与内在规律，通过将视听交互作为一种刺激手段应用在实验室研究中，试图更加科学准确地测度森林旅游者在视听综合环境中对不同声信号类型和不同类型森林公园景观的感知特征。此外，采用视听交互手段来创造一个个更加接近于现实场景的视听综合环境，有助于提高研究的生态效度。

第四节 眼动追踪技术

1878 年法国眼科医生 Javal 通过实验指出（高闯，2012），只有通过眼睛短暂的停留，人类才能看清图像。认知心理学认为，视觉系统是最为复杂的一个感觉系统，眼动追踪技术可以通过获取眼球运动数据来揭示人群的内心活动。眼球内层的中央凹对准被观察物体的行为被称为“注视”。根据停留时间和运动轨迹，眼动行为还包括扫视和追随运动两种类型。早期考察眼动行为主要依赖于自然观察法，即在不干扰被考察者的情况下，采用直接观察、镜像观察、窥视孔等方法对眼动行为进行测度。这种方法后被机械记录法所取代，机械记录法通过眼睛与钝针、橡皮气囊等机械装置接触和传动来观察记录眼动行为，其原理是利用角膜的凸状特征运用杠杆作用来传递角膜运动。随着科技的进步，电流记录、电磁感应、光学记录等方法使得眼动行为的测量方式不断完善，各类现代眼动追踪设备相继问世，大大提高了眼动追踪技术的精度，拓展了眼动追踪技术的使用范畴（黄潇婷、李玟璇，2017：91—95）。

从原理上来说，眼动仪就是使用了近红外光源使用户眼睛的角膜和瞳孔上产成反射图像，然后使用两个图像传感器采集眼睛与反射的图像，并通过图像处理算法和一个三维眼球模型精确地计算出眼睛在空间中的位置和视线位置（图 1 -1）。近红外光被导向瞳孔时，在瞳孔和角膜中会引起可检测的反射，这些反射可以由红外摄像机跟踪。相比于可见光谱的光可能产生不受控制的镜面反射，红外光允许瞳孔和虹膜之间的精确区分。此外，由于红外线对人眼不可见，因此在眼睛被跟踪时不会导致参与者分心。

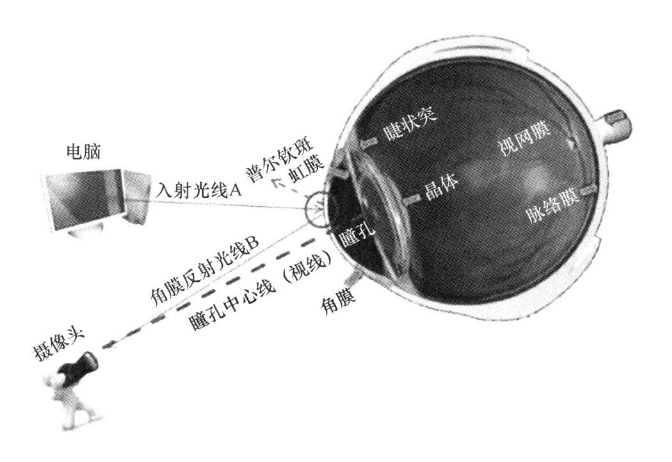

图1－1　眼动追踪原理

现代眼动追踪设备包括光学追踪记录系统、瞳孔中心坐标提取系统、视景与瞳孔坐标叠加系统、图像/数据记录分析系统4个部分，并自带一套数据存储和处理系统。目前市面上常见的眼动设备主要有头盔式、固定式和自由式三种类型，较为知名眼动仪品牌包括瑞典Tobii系列眼动仪、加拿大SR公司Eyelink系列眼动仪、德国SMI公司HED头盔型眼动仪，以及美国应用实验室（ASL）的504型和501型眼动仪等。在眼动数据方面，主要包括注视指标（注视点个数、平均注视时长、注视时长百分比、注视频率、注视点位置坐标等）、扫视指标（扫视点个数、扫视时长百分比、扫视频率等）、瞳孔指标、兴趣区眼动指标、眼动轨迹图、眼动热点图等多种类型，研究者可根据实际需要选取合适的眼动数据进行后续分析。

通过眼动这一外显行为来探究人们内心的真实世界，已在心理学领域进行了大量的实证研究。组间设计、组内设计和重复测量是眼动实验中经常采用的实验设计方式。依托心理学学科的研究基础，眼动研究也已广泛应用于市场营销领域。例如，在广告传播研究中基于眼动实验进行了大量研究，内容涉及广告播放速度、广告元素、广告特征、广告视觉注意模型建构等，这些研究成果为广告界面的设计与评估、广告测试、产品可用性测试等方面提供了定量化指导（黄潇婷、李玟璇，2017：91—95）。在综合运输和工效学领域也较多应用眼动实验和眼动数据分析驾驶员与驾驶经验、路况特征的关系，而注意力分配情况、驾驶员性格特征等都会对驾驶员的操作行为产生影响（李显生等，2016：1447—1452）。在教育学领域，眼动追踪技术被用来考察眼动行为与学生年龄、性别、文化背景、学习成绩的相关性，以及孤独症儿童、自闭症儿童等特殊群体与普通儿童在威胁知觉识别、情绪行为表现等方面的差异（黄潇婷、李玟璇，2017：91—95）。此外，眼动追踪技术在运动领域也得到了应用，有学者针对足球运动员、排球运动员在点球扑救和扣杀拦网时的眼动行为进行了大量研究（王恒、熊建萍，2010：77—81）。基于不同的运动情景对运动员的视觉分配情况、视觉搜索行为进行捕捉和分析，无疑可以改善训练水平和提升比赛成绩，为应对瞬息万变的体育比赛提供帮助。随着眼动设备的发展与普及，眼动追踪技术开始逐渐向人机交互领域迈进。眼动追踪技术允许通过视觉行为直接进行机器操作，以减少对肢体、鼠标、键盘的依赖。眼动人机交互应用这一课题已在照相机眼控对焦和军事工业等领域展开研究，相信不久的将来，也会为严重肢体残障人士带来了极大的方便（尹露等，2014：74—79）。

近年来，眼动追踪技术被逐渐引入到地理学、地图学及风景园林学等学科的研究中。但目前看来，在环境感知偏好领域利用眼动仪和眼动追踪技术产出的研究成果还较少。但作为一种揭示心理现象的外显工具，眼动追踪技术可以更好地考察被调查者的生理与心理变化，无疑为揭示视听交互作用下环境使用者的综合认知规律提供了强有力的测度技术。

以上主要对本书所涉及的基本概念进行了介绍，下一章将着重介绍环境感知偏好研究的多元理论支撑系统。

第二章

环境感知偏好研究的多元理论支撑系统

第一节　人居环境科学

一　人居环境“以人为本”

随着我国城乡环境建设与人民生活水平的高速发展、改革开放政策下中外学术交流的日益密切及人居环境科学的专业人才教育培养机制的不断成熟，中国人居环境科学正处在快速发展的黄金时代，三位一体的学科体系建设日趋完善。回顾人居环境科学的成长历程，可以发现各学科从成立之初就围绕着“城乡—自然—人”三者之间的关系展开研究与实践。而随着乡村振兴、全域旅游、健康中国等战略的提出，人居环境科学的研究领域也在不断地扩大，这在日益丰富的研究成果中也得到了充分的印证。

从拟解决的科学问题上来看，人居环境科学发展至今，主要面临着两大任务，一是站在自然科学的角度，通过科学合理的规划设计维护与保障自然生态的安全与健康；二是站在人文科学的角度，考察人类与环境的关系，分析人类在环境中的心理与生理变化，并以此为依据对人居环境进行建设与管理，使人居环境的营造真正做到以人为本。环境感知偏好研究就属于后者，其任务便是交叉融合多种学科理念，特别是运用环境行为学与环境心理学知识，将环境中的物理现象与人类身心体验结合起来。通过综合多学科的研究成果，借鉴多学科的研究方法，从人类这一环境使用主体的感受和需求出发，对人居环境的保护、改造、营建和管理提供指导。环境感知偏好研究是人居环境领域研究的重要组成部分，一直伴随着建筑学、城乡规划学、风景园林学等学科的发展，历史悠久。在漫长的发展历程中，环境特征与人类感官之间的关系始终是环境感知偏好研究的主题，其中人类的视觉感官由于在环境信息接收过程中占据着主导地位，因此，基于视觉的环境感知偏好研究长久以来都是专家学者关注的重点。虽然人们对于环境的感知主要依赖于视觉和听觉，但在当代中国人居环境研究与规划设计实践中，更多只是从单一的视觉角度出发，缺少对人们听觉的考量，特别是对视听交互作用的科学认识还处在较为朦胧的状态。近年来，随着“声景”理念的普及和声景研究的开展，人们逐渐意识到声音在人类环境心理变化中也发挥着不可忽视的作用，并且发现人类的听觉感官对于环境信息的接受量仅次于视觉感官。以往习惯性的忽视听觉作用，在景观规划设计与研究中单纯强调视觉感知作用显然有失偏颇（赵警卫等，2015：119—123 + 148）。有鉴于此，关于声景的研究理论以及视听交互状态下的环境感知研究开始得到越来越广泛的关注和重视。

在心理声学领域，研究人员已经充分证实了视觉与听觉存在相互影响，二者之间既存在促进效应，也存在抑制效应，要依具体环境和实验设计而定。对于城乡人居环境而言，景观要素所形成的视觉画面与声信号也必然存在复杂的视听交互机制，这些机制不仅反映在人们的审美偏好与听觉感知中，更重要的是这些机制左右着人们的心理与生理反应，为人们带来紧张、放松、专注、抵触等多种情绪和心境，很大程度上影响着环境使用者的游憩体验，并与环境使用者的身心放松和疲劳缓解情况息息相关。因此，目前迫切需要在各类环境中基于视听资源与人们的感知偏好之间的关系形成一套科学可行的定量调查与评价方法。

当前，人居环境科学正经历高度分化与融合的学术研究变革，进行环境视听交互作用的研究符合人居环境科学兼具自然和人文艺术多学科交叉渗透的研究特点。人类对于环境的理解与感知取决于人类多重感官系统的综合作用，在人因工程科学飞速发展的时代背景下，对环境感知偏好研究的重心已经从单一的视觉感知维度向更加科学、更加综合的多维度环境感知倾斜，基于人类的多感官体验，对环境特征以及组成环境的各类感知偏好要素进行定性与定量结合的交互分析，并且在科学分析的基础上对景观环境进行有理有据的保护、营造与管理，应该成为环境感知偏好科研工作进一步发展的价值观念和学术方向。

二　从经验走向循证

人居环境科学蕴含着科学和艺术的双重属性（Fein，1972）。一直以来，建筑学、城乡规划学和风景园林学的从业者们都在寻求建立一种更可控的学科知识体系，以提高实践决策的科学性（陈筝等，2013：48—51）。为了建立更系统和可靠的设计知识体系，人居环境科学已经在原有以美学和设计理论方法为核心的经验设计基础上，不断向以科学分析和客观可度量的循证设计迈进。在学科实践由经验知识向循证知识转变的同时，人居环境规划设计的衡量标准也从艺术、美学等主观标准向公共福利和个体舒适度等客观标准偏移。例如，在 1972 年的《风景园林行业报告》中（Fein，1972），美国风景园林师协会有 67% 的设计师认为美学是风景园林实践中非常重要的方面；而在 2012 年针对同一群体的抽样表明，仅有 46% 的设计师认为如此。该差异在统计学上具有显著意义（$p < 0.01$）。相反的，在 1972 年仅有 14% 和 22% 的设计师认为风景园林的公共福利性和个体舒适性非常重要，而 2012 年百分比则变成 69% 和 42%。该差异在统计学上也具有显著意义（$p < 0.01$）（陈筝等，2013：48—51）。

在此趋势下，人居环境科学的两大研究方向，对于自然系统的研究和对于环境中人类感知偏好的研究，都从经验走向了循证。对于前者来说，在伊恩·麦克哈格等先驱的带动下，将生态学相关知识和地理学的分析技术引入了人居环境的规划设计，通过大量使用定量分析和模型预测等理性的技术路径以求在区域尺度上解决和自然环境相关的土地使用和城市发展问题，并由此衍生出了可持续设计、生态规划设计、水资源管理等与自然科学息息相关的二级研究领域。而对于后者而言，以卡普兰夫妇为代表的学者们，也开展了一系列基于视觉感知的定量研究（陈筝等，2013：48—51）。从某种程度上说，由于人类意识的复杂性，对人类环境感知的测量相比于对自然客体的描述与定量研究更为困难，而心理科学，特别是环境心理学在最初的人类环境感知研究中展现了巨大的作用。

三 环境心理学与认知科学的启示

环境心理学是研究人类的经验、行为与建成环境或自然环境之间关系的科学，强调运用心理学的方法来分析人类在环境中的行为，探索在不同环境条件下人类的心理变化和发展规律。环境心理学与文化人类学、社会学、建筑学、城乡规划、风景园林学等多个学科具有天然的联系。日本著名社会心理学家相马一郎与佐古顺彦指出，“以人的行为为主要研究对象，从心理学的角度分析什么样的环境才是符合人们心愿的环境”是环境心理学的研究主题（相马一郎、佐古顺彦，1986）。环境心理学主要采用的研究方法包括观察与实验法、描述法等，资料收集的方式主要是访问面谈、问卷调查、绘制认知地图、行为场所观察等。环境心理学研究通过使用科学手段将大量定性内容加以定量化分析，揭示人与环境的相互作用，为环境设计提供符合人类心理需求的环境质量依据，提升环境设计品质。总的来说，环境心理学涉及的学科背景较为广泛，没有明显的边界，从学科自身角度来说也在不断地发展，其核心追求是实现人类与物质环境之间的良性互动。

借助环境心理学，凯文·林奇（2001）从认知空间方面成功地揭示了城市居民对城市形态的感知特点，杨·盖尔（2002）则揭示了城市空间特征对人类交往的影响机制。这些理论和思想都闪烁着智慧的光芒，被人居环境营造的相关学科奉为圭臬。在人居环境研究领域，长久以来对于人类环境感知的关注点聚焦于景观视觉质量的感知偏好领域，而实验心理学中的心理物理学派对于景观视觉质量研究的发展影响深远。心理物理学是研究心理活动和物理刺激之间影响关系的学科，心理物理学家往往通过寻找一种函数或一种数学模型，去描述结构和功能之间的相关程度。总体来说，他们不太关注到底“发生了什么”以及“为何发生”，而只专注于揭示已知现象中的对应关系。这种思想与人居环境科学基于设计导向的研究目的不谋而合，从而一举成为人居环境规划设计者与管理者连接客观物理环境与人类感知偏好的有力工具。

在人居环境研究领域的学者应用心理物理学思想试图解决人类对环境的视觉感知偏好问题时，在物理学的分支领域——声学，其实早就与心理物理学产生了千丝万缕的联系。正是由于19世纪实验心理学和心理物理学的影响导致了心理声学的出现，心理声学作为研究声音如何影响人类心理感知的一门学科，认为声学研究的目的，是为了人的听觉感官——耳朵服务。声音由声源发出，经过介质传播被人耳这个精密传感器所接收，进而被大脑所感知，之后大脑破译听到的具体信息，引起人类的心理和生理反馈。心理声学作为声学的分支，为物理现象和环境使用者之间架起了桥梁，因为人耳的生理构造和声音的物理属性，所以客观；因为人脑的加工和反馈，故而主观。世界卫生组织 2011 年发布的《噪音污染导致的疾病负担》表明，噪声污染已成为继空气污染之后人类公共健康的第二大“杀手”。噪声污染对人体健康的危害不仅在精神层面让人心烦意乱，而且会在生理层面引发或触发心脏病，造成听力障碍和耳鸣，进而减少人的寿命。但近年来的研究表明，当噪声的声压级降到比较低的时候，在人们听起来还是很容易产生烦躁情绪，故而营造环境声品质，主观评价是不可或缺的一环。心理声学近百年的发展也表明，除了高声压级对人类感知的直观影响，声音的种类和物理属性，乃至评价主体的人口统计学特征，都会对心理和生理产生各种各样的影响。

环境中的视觉要素和声音要素，直接作用于人类的视觉和听觉器官，但最终都可以通过采用环境心理学和心理物理学的知识和方法，实现对人类视听感知的定量评价。这些跨学科的研究成果指导着建筑师、城乡规划师以及风景园林师等环境营造者们在实践中不断从经验描述走向循证设计。

随着认知科学的发展和技术手段的完善，心理学家开始在人的基因、大脑、神经系统以及内分泌系统中寻找行为的原因，而人们对自然环境的审美偏好，可能也是出于某种未被完全认知的生理需求。基于这样的背景，将眼动仪、生理反馈仪等可穿戴的生理传感设备应用于人居环境科学，无疑可以更好地提高人类环境感知研究的精度。相比于传统的问卷调查，生理信号具有稳定且客观的优点，可以更加直观的判断环境使用者对某一环境的真实感受。此外，随着环境学科对公共健康服务的响应和倡导，人类对于环境的多维度综合感知开始得到人居环境研究领域从业者的重视，人类的“五感”以及其他感知系统开始得到比以往更多的关注，在这一理念下所产生的部分研究成果也开始初步在康复花园、疗愈花园等环境中加以验证和应用。与此同时，借助人因工程学的发展，越来越多的可穿戴设备可以用于进行人类眼动行为、自主生理信号、脑信号、面部表情及行为特征的检测和研究。

综上所述，关于人类环境感知的研究在人居环境科学走向循证设计的过程中充满着实证科学的魅力与趣味，并且人类环境感知研究对于人居环境规划设计实践具有十分重要的指导意义，因为人居环境科学的研究与实践，无论是站在自然科学的视角还是站在人文科学的视角，其目标归根到底仍然是“以人为本”。在发展森林旅游、森林康养与实施“乡村振兴”“健康中国”战略的大背景下，在环境行为学、环境心理学、认知科学和人居环境科学诸学科的交叉研究领域中，以人类多重感官的综合响应为切入点，对森林旅游者的视听交互作用进行相关量化研究适逢其时。

但是，也应指出，人居环境科学是一个多学科融合的综合学科，人类环境感知研究也是一个庞大的命题，有赖于环境心理学、认知科学、人因工程学等多学科的共同发展以及相关研究成果的不断积累。当前看来，有关人类环境感知的研究仍然十分不足，这不仅体现在对人类生理心理反馈机制的认知水平上，也体现在对人类多维度感官感知研究的深度与广度上。因此，从人居环境科学的角度出发，有关这方面的研究仍然存在许多问题需要得到进一步的探索，以下小节便是对人类环境感知研究中一些更微观研究方向的详细阐述。

第二节　环境审美偏好理论

一　环境审美偏好研究的范式

资源是国家和民族生存发展的物质基础，其中风景资源涉及一个国家或地区的形象与精神文明，而独特的风景资源更是人类共有的宝贵遗产。随着社会经济的飞速发展，许多自然风景资源遭到了严重的破坏，在风景区生态环境受到威胁的同时，旅游环境的视觉污染也不断影响着人们的身心健康。有鉴于此，美国、英国等发达国家开始意识到风景资源的视觉价值并积极采取措施加以保护和干预（裘亦书，2013）。

关于风景资源的视觉感知研究始于风景资源的美学价值评估。从20世纪60年代中期到70年代初，美国、英国相继颁布了一系列法令，如美国通过的《野地法》（1964）、《国家环境政策法》（1969）、《海岸管理法》（1972）和英国通过的《乡村法》（1968），明确强调风景美学资源应得到妥善保护。这些法令的制定，标志着长期以来给人们带来欢愉但并不为人所珍视的风景美学资源，将与其他具有实用价值和经济价值的自然资源一样，受到法律的保护。然而，由于风景美学价值“不可言说”的特点，使人们在实际保护过程中长时间缺乏衡量和判定标准。在这种背景下，风景美学研究应运而生，而风景美学研究的中心问题就是如何对风景资源美学质量进行科学的评价（俞孔坚，1998：40—50）。

在立法机构和学者们的重视和努力下，出现了许多有关围绕着风景资源美学价值评估以及相关研究方法论述的文章和专著（Zube，1970：37—141；Penning-Rowsell，1973；Daniel & Boster，1976；Helliwell，1976：4—6；Arthur，1977：151—160；Dearden，1981：3—19）。在美国和英国，有关风景资源的美学价值问题还成为国际研讨会的重要命题得到了充分的关注和讨论（Zube，1973：371—375；Elsner，1979）。20 世纪 70 年代是风景资源美学价值评估相关评价方法的形成时期，研究结果也大量运用在环境影响评价、资源保护和城市设计等领域；20 世纪 80 年代，涉及这一领域的专家组成开始呈现出越来越明显的多学科趋势。除了景观规划设计和资源保护领域的专家外，生态学、地理学、环境心理学等学科的专家学者都开始纷纷投入到环境感知偏好的研究队伍中来。多学科的交叉融汇使各专业学者将各自学科的研究理论和研究方法带入景观视觉感知偏好研究中，使环境审美偏好研究开始出现不同学派林立的局面。面对这种局面，Zube、Sell、Taylor、Daniel、Vining 等学者积极对已取得的成果进行归纳总结，试图将各学派的思想进行梳理和提炼。到了 90 年代，景观视觉感知偏好中的美学价值评估，特别是风景资源美学质量评价，最终在行政项目中得到肯定并形成体系。在这样的背景下，对风景资源美学价值的评估开始逐渐扩展为对广义景观美学价值的讨论，相关技术和研究方法也开始应用于城市公园、开放空间、乡村、古典园林等众多环境的美学研究中（Acar & Sakici，2008：1153—1170；Chen，2009：76—82；Bulut，2010：170—182；Sullivan & Lovell，2006：152—166；Han，2010：243—270；Roth，2006：179—192）。

从研究内容上看，随着风景资源视觉感知研究的深入和多学科学者的加入，极大程度上扩展了该领域的研究范畴，学者们不断从最初单一的美学价值评估向生态感知、文化感知和心理生理恢复等方面进行积极拓展。21 世纪之后，原本以视觉美学评价为主题召开的会议逐渐演化到对环境美学、生态问题、社会价值和健康议题等众多方向的综合讨论，大大丰富了环境审美偏好研究的内涵。在各专业学者的共同努力下，景观视觉感知这一研究领域开始形成一套较为系统和自我完备的理论体系，其中的理论也被不断付诸实践（Smardon，1986）。

虽然风景资源视觉感知的研究范畴在不断扩展，但基本的研究思路在 20 世纪 80 年代已趋近于成熟，之后的研究大多遵循各学派已经成熟的研究思路和方法，在具体的技术选择和指标创建方面有所优化和更新。Crofts（1975）较早进行了关于环境审美偏好研究方法的综合整理与明确划分，并提出公众偏好模式（preference model）与成分代用模式（surrogate component model）；随后，Zube 等人（1982：1—33）提出了划分环境审美偏好研究的 4 大学派，或称研究范式，分别是专家学派（The expert paradigm）、心理物理学派（The psychophysical paradigm）、认知学派（The cognitive paradigm）和经验学派（The experiential，paradigm）；Daniel 和 Vining（1983：39—84）提出了景观视觉质量评价的五大模式，分别是形式美模式（formal aesthetic model）、生态模式（ecological model）、心理模式（psychological model）、心理物理模式（psycho-physical model）和现象学模式（phenomenological model）。

在上述有关环境审美偏好研究学派的划分中，以 Zube 等人的分类系统影响最大，受到最为广泛的认同。因此，下面分别就专家学派、心理物理学派、认知学派和经验学派展开论述。

（一）专家学派

Litton（1974）是促成专家学派形成和发展的关键人物。专家学派的主要思想是针对风景的客观属性进行评价，通过将评价客体分解成各个组成要素进行单独评分。专家学派认为，从美学原则上可以将景观分成四个基本组分，即线条、形体、色彩和质地，并在此基础上对各组分进行单独打分，其评价依据主要是形式美学理论，最终符合“多样性”“统一性”“独特性”等形式美原则的景观显然具备较高的美学价值。除美学属性外，景观的地理特征和生态价值也可以通过实地调研进行评估。从评价依据上来说，形式美规律是人们在长期审美活动中的经验总结，地理学和生态学理论也是经过科学论证所得出的，因此以美学、地理学和生态学等学科理论为支撑进行景观视觉感知偏好是合理的。但从评价者的角度上来说，普通人显然不能对相应的理论和原则有深刻的理解，因此评价工作必须由少数训练有素的专业人员（如风景园林规划设计师、生态学家、地理学家等）来完成，同时还需汇总各专业的专家意见，尽量使评价结果系统而全面，这也是专家学派名称的由来。

美国林务局的风景视觉管理系统（visual management system，简称VMS）、土地管理局的视觉资源管理系统（visual resource management，简称 VRM）、土壤保护局的景观资源管理系统（landscape resource management，简称 LRM），以及联邦公路局的视觉影响评价系统（visual impact assessment，简称 VIA）彰显了专家学派在具体应用方面所取得的成就。这些机构通过采用专家学派的理论，在景观视觉资源评价方面取得了良好的效果，这些成功的实践也促使了美国一系列法规的相继出台，如 1964 年的《野地法》、1969 年的《国家环境政策法》以及 1972 年的《海岸管理法》等。相对而言，VMS 系统和 VRM 系统更多是从美学原则出发，对大面积风景资源进行美学质量评估。而 LRM 系统则更多是从公共土地管理的角度出发，将风景视觉资源视作土地利用和环境决策中的一个必要组分进行考察分析，并在此基础上确定风景资源中人类活动的强度，划定人类活动范围（王晓俊，1993：371—380）。

专家学派的结论具备一定的权威性，其实施过程也具备良好的可操作性，但缺点是过于依赖专业人员的主观判断，由少数专家从专业学科理论出发所作出的评价，始终带有较为强烈的主观性和片面性，很难完全代表广大环境使用者的真实感知。专家的知识结构也存在局限性，因此评估结论也存在矛盾和分歧，虽然可以通过收集各方专家的意见做到尽量客观，但这种精英评价模式仍然存在一定的封闭性，其社会敏感性较弱，评估结论有时很难与社会经济发展的现实相耦合。Kaplan R.（1985：161—176）也通过研究发现，人们眼中的风景视觉质量有时与风景基本组分的“多样性”“统一性”“独特性”等特征之间并不存在显著的相关性。

（二）认知学派

认知学派把景观视为人类的认知空间和生存空间，试图从人类的进化过程和功能需求角度出发来对景观优劣进行评估。因此，认知学派的学者对景观客体的描述往往采用“可识别性”“可庇护性”“神秘性”以及“危险性”等功利性词汇，或是以“舒适”“安全”“恐慌”“压抑”等带有浓烈感情色彩的词汇来描述景观在人们情绪反馈上的意义。认知学派对于景观特征所引发的人们心理和情感状态的关注，无疑为环境审美偏好研究打开了一扇新的窗户。

18 世纪的英国经验主义美学家 Burke 曾提出“美感”来源于人类的两种不同情绪，一种关乎人类的“生存保障”，另一种则与人们的“社会生活”有关（Brown 等，1986：1—10），Burke 的观点代表着认知学派的思想源头。认知学派真正开始在景观视觉感知领域得到系统发展是 20 世纪 70 年代中期，在其代表人物 Appleton、Kaplan 夫妇以及 Ulrich 等学者的推动下形成了极具智慧的理论体系。

英国地理学者 Appleton（1975）认为，人类在进行环境感知的过程中代表着“猎人”和“猎物”的双重身份，人类既需要有开阔的视野以便于观察周边情况，同时还应处于隐蔽的环境中避免被周边潜在的危险所困扰。基于此观点，Appleton 在 1975 年提出“瞭望—庇护（Prospect—refuge）”理论，即人们总是以所处环境是否具有“瞭望”和“庇护”功能来对环境优劣进行解释和评价。同时代的 Kaplan 夫妇也从人类的生存需求出发，提出景观需要具备“可解性（Making sense）”和“可索性（Involvement）”双重特征（Kaplan R 等，1989：509—529）。其中“可解性”代表景观需要能够被识别和理解，“可索性”则意味着景观在能被理解的前提下还要包含丰富的信息可被进一步的探索。Kaplan 夫妇认为，一个难以被理解的环境就意味着风险，而不能被探索则人类就无法寻求到舒适的栖息环境。因此，只有能够兼具“可解性”和“可索性”的景观，才能称之为理想的景观。

相比于专家学派，认知学派从人类普遍的心理生理反馈出发，试图以人类的主观情感来解释景观视觉特征，使环境审美偏好研究开始从对评价客体的分析转向对评价主体的关注。

（三）经验学派

如果说认知学派开始重视公众在评判景观时的普遍心理规律，那么经验学派对评价者主观感知作用的重视则是有过之而无不及。经验学派的学者强调在社会文化背景下不同群体的感知差异，其代表人物 Lowenthal（1979：249—267）曾揭示了美国城市居民对于自然风景的热衷源于他们对乡村景观的怀旧心理。此外，经验学派还关注景观评价主体的个性特征，包括特定群体或个体志趣取向对景观视觉感知的影响。与专家学派和认知学派相比，经验学派更偏向于社会学的研究模式和对评价主体社会文化背景的关注，使环境审美偏好研究在揭示普遍规律的同时，也能够兼顾特定群体和个体之间的差异，无疑使科学严谨的研究结论增添了更多的人文关怀。

（四）心理物理学派

总体来看，环境审美偏好研究在发展的过程中形成了定性描述和定量评分两大方法，而根据感知的客观——主观过程，又可将景观视觉评价细分为对评价客体资源数量和质量的评价以及对评价主体心理感受的考察。如果说专家学派属于前者，那么认知学派和经验学派显然属于后者。而心理物理学派则在评价客体和评价主体之间架起了一道桥梁，以直接基于视觉画面的方式，在一定程度上跨越了景观视觉要素和心理感受之间的鸿沟，通过将“景观—感知”转化为“刺激—反应”关系，建立景观视觉要素与客体感知偏好之间的数学模型，并以此识别出对人们心理反馈起关键作用的风景资源特征和景观要素。

心理物理学方法自 20 世纪 70 年代后期开始逐渐繁荣，其中由 Daniel & Boster（1976）提出的美景度评价法（Scenic Beauty Evaluation，简称 SBE）、Buhyoff 等（1978：255—262）提出的比较评判法（Law of Comparative Judgment，简称 LCJ），以及语义差异法（Semantic Differential，简称 SD）相对比较成熟，应用也较为广泛。

三种方法通常以照片、幻灯片等为媒介展示需要进行评判的风景，并邀请评价者根据自己的审美标准和对环境的理解对每一张风景画面进行评判。在 SBE 法中，各风景按照随机顺序逐一展示，评价分值通常划分为 10 个等级。SBE 法最大的优点就是评价程序简便易操作，可适用于大样本的评价。但其缺点是各风景之间缺乏相互比较的机会，在一定程度上会影响分析结论的可靠性。LCJ 法可以有效弥补 SBE 法的缺点，通过要求评价者确定一组照片或幻灯片的相对优劣来得到一个更具逻辑一致性的评价结果。具体来说，LCJ 有两种评判途径，一是排序比较法，二是对偶比较法。排序比较法相对灵活，要求评价者对景观样本根据自身喜好进行排序；对偶比较法则更加严谨，通过将风景样本两两组合，让被试对所有样本逐一进行比较，风景质量较优者得分，劣者则无分。虽然 LCJ 法从操作逻辑上相比 SBE 法更加科学，但其最大的问题是操作程序较为烦琐，冗长的操作时间非常容易使评价者在评价过程中产生疲劳，进而影响评价的准确性，因此 LCJ 法并不利于大样本的研究。语义差异法（Semantic Differential，简称 SD 法）最早由 Osgood 等人（1957）于 1957 年作为一种心理测度标准而提出，其最大的特点就是用若干组反义词来表征客观环境的物理量和评价主体的心理量。与 SBE 法中“是或非”的评价目的相比，评价尺度两端具有明确意义的形容词更有助于引发评价主体的情感共鸣，因此 SD 法也逐渐从心理测度领域被引入景观视觉感知的研究，并得到广泛应用。

在实验手段上，心理物理学派最初以幻灯片播放为主，而幻灯片也被证明与实景效果差异不大（Daniel & Boster，1976；Shuttleworth，1980：61—76；Stewart 等，1984：283—302；Hull & Stewart，1992：101—114）。但随着研究的深入和技术的进步，利用 VR 全景图等更具沉浸感的方式表现景观风貌已开始逐渐成为研究人员的首选。随着 3S 技术的普及，采用 GIS 软件对景观特征进行可视化叠图分析评级也使风景视觉资源的定量研究手段越来越完善（Bishop，1999：150—161；Bishop & Rohrmann，2003：261—277）。而遵循心理物理学派的基本逻辑，将 GIS 空间分析得到景观视觉数据与评价主体的审美偏好与心理恢复等数据进行交互分析，可以说真正将专家学派和认知学派的理论联系在了一起（Tabrizian，2020；Jean-Christophe，2020）。

总体而言，在众多的学派中，心理物理学方法能够实现主观与客观、定性与定量的完美融合，同时还可以兼顾环境使用主体的社会文化背景与人口学统计特征，可以说是当前环境审美偏好研究中被应用最多的研究思路。

（五）不同学派的融合与缺陷

专家学派、认知学派和经验学派在研究方法上的差异主要体现在三个方面：主体与客体、主观与客观以及精英化与公众化。认知学派和经验学派更多是从评价主体的主观感知出发，将景观视为人类主观情感的投射。而专家学派将景观视为独立的研究对象进行客观剖析，认为评价客体的自身属性与资源禀赋是影响评价主体判别的主导因素。在此基础上，形成了精英化和公众化的两种倾向，也可称之为“基于专业/设计途径（expert/design approaches）”和“基于公众感知途径”（public perception based approaches）。在过去的半个世纪里，环境审美偏好研究的发展历程几乎就是这两种评价方法的争论史（Zube 等人，1982：1—33；Daniel & Vining，1983：39—84）。心理物理学派的出现，在一定程度上协调了景观特征和景观要素与人类心理感知之间的关系，使“基于专业理论的评价”和“基于公众感知的评价”在技术层面得到融合，并在景观视觉感知偏好中共同发挥作用。尽管如此，由于专家学派、认知学派和经验学派本身存在的一些理论缺陷，使得包括心理物理学派在内的四个学派在进一步的发展上仍然受到一定程度的桎梏。

作为基于专业理论进行景观视觉质量评价和管理的专家学派，一方面在 VMS、VRM 系统的实践中展现了专业、经济、高效的优点，但另一方面，由于是少数精英作出的评估，其可靠性和社会敏感性也饱受质疑。例如景观形式因素（如形态、线条、色彩、质感等）和形式特征是否能够代表全面、完整的风景视觉质量就存在争论（Arthur，1977：151—160）。即便是心理物理学派也只是从模型构建的角度弥补了专家和公众之间的鸿沟，在具体的指标选取时依然存在所选指标是否能够准确反映景观特征的问题，包括一些利用 GIS 空间分析所得出的景观指标能否有效替代公众真实感知到的景观形象仍然是一个悬而未决的问题。与基于专业理论的评价方法相反，基于公众感知的评价方法所受到的诟病主要来自于对评价主体权威性的怀疑，过于依赖评价主体的主观选择由于缺乏统一的认知标准而容易导致研究结果较难在实践项目中推而广之。总而言之，无论是“基于专业/设计的评价”还是“基于公众感知的评价”都存在一定的争议，值得进一步的深入研究，并在实际应用中加以解决。从专业理论的角度入手，应该继续挖掘能够真实有效的影响公众感知的景观特征和组成要素，同时在研究过程中也应综合关注评价客体的整体影响。有时对于景观视觉特征的单一考察可能无法得到最真实准确的结果，因此，尽管视觉感官是人类感知环境的最有效途径，仍然不能忽视其他感官系统（如听觉、触觉等）在环境感知中所发挥的作用。而从公众参与的角度出发，应该建立更加完善的评价数据库，在平面设计领域包括使用精密仪器（如眼动仪、生理仪等）采集评价主体的生理数据对主观评价数据形成补充，从而更全面科学地分析和把握公众感知规律。

（六）环境审美偏好研究范式在国内的发展

中国幅员辽阔，地形地貌较为丰富，拥有山岳、森林、草原、湖河、海滩等形式多样的风景资源，这些风景资源不仅孕育着丰富的经济价值，同时还具备着十分独特和珍贵的视觉特征。中国的景观评价工作起步较晚，20 世纪 80 年代以来，在片面强调经济发展和思想观念落后的双重作用下，我国的景观资源遭受了巨大的侵蚀和冲击，部分破坏性建设和掠夺式开发由于受到单纯的利益驱动，再加上决策者的短视以及专业人员的武断，对包括视觉价值在内的风景资源的多重价值造成了难以挽回的损失（裘亦书，2013）。

随着生态环境和风景资源不断遭到破坏，各级政府和各学科专家学者开始意识到问题的严重性，多部涉及文保、环保、风景区管理、海洋治理以及城市房地产开发的法律、法规和条例相应出台，这其中包括国务院 1985 年颁布的《风景名胜区管理暂行条例》、1989 年颁布的《中华人民共和国城市绿化管理条例》，以及 1994 年颁布的《中华人民共和国自然保护区条例》等。随着《风景名胜区管理暂行条例》的颁布，展开了全国范围的风景资源普查，1999 年颁布的国家强制性技术标准《风景名胜区规划规范》，更加促进了将风景资源的规划建设与管理纳入科学化、规范化和社会化轨道中来（张国强、贾贯中，2003）。截至 2019 年，我国已陆续公布了国家重点风景名胜区 244 处，建立了国家级自然保护区 474 处，建立国家森林公园 897 处，正式命名国家地质公园 217 处，开展了三江源、东北虎豹、大熊猫、祁连山、海南热带雨林、神农架、武夷山、钱江源、南山、普达措 10 个国家公园试点，公布的全国重点文物保护单位有 5058 处。这些保护单位的确定，比较全面地反映了我国的历史和自然风貌，形成了颇具特点的景观资源保护体系。但即便如此，如何恰当评价风景视觉特征的问题仍然存在与景观资源调查中，而合理的景观视觉评价是明确保护对象与目标的重要环节，需要建立在科学的环境审美偏好研究基础之上。

我国在风景资源视觉感知研究方面，最早可追溯至20世纪70年代。冯纪忠（1979：1—5）首先在《组景刍议》一文中提出风景的“旷奥”理论和景观的“感受量”概念，冯先生强调景观空间及其序列在风景园林规划与设计中的作用，开创了我国风景视觉感知研究的先河。此外，许多专家学者也针对风景资源分类问题以及风景资源保护和建设问题进行了深入的探讨（陈有民，1982：17—20；孙筱祥，1982：12—16；朱畅中，1982：34—40；谢凝高，1985：47—52；陈从周，1985：28—30；朱观海，1985：26—29），这些学者的研究和实践为我国环境审美偏好研究工作的后续开展奠定了基础。20世纪80年代末到90年代初，国内学者开始对国外视觉感知研究的理论进行了较为系统的介绍（俞孔坚，1987：33—37；刘滨谊，1988：53—63；王晓俊，1992：70—76），标志着我国景观视觉感知偏好研究开始进入高速发展阶段。此后，环境学、地理学、生态学、心理学、林学等各领域专家均开始介入风景资源的视觉评估工作（唐真、刘滨谊，2015：113—120），研究内容包含了景观美学质量、生态保护、景观阈值、景观敏感度等与景观视觉感知密切相关的多种主题；研究区域囊括了从自然环境到建成环境的各类景观空间。但风景名胜区、森林公园和自然保护区仍然是研究的重点，这些风景资源不仅独特，而且在一定程度上代表着我国的旅游形象，对其进行视觉感知研究具有重要意义。

在研究方法上，从20世纪70年代发展至今，仍未形成一个成熟的评价程序和框架体系，对于景观视觉特征的评估大多借鉴国外业已成熟的思想和理论（王晓俊，1994：32—37）。纵观国内景观视觉感知偏好的发展历程，按研究内容及方法可以将研究成果分为“基于公众感知的视觉质量评价”和“基于评价客体的视觉资源禀赋评价”两个部分。

1. 基于公众感知的视觉质量评价

20世纪90年代初以来，我国学者开始针对景观视觉特征进行一些定量分析，并涌现了大量基于评价主体的视觉质量研究。在研究方法上，以借鉴国外为主，并加以创新和改进（俞孔坚，1988：1—11）。在研究内容上，既包括运用心理物理学方法对自然保护区和森林公园进行景观视觉质量的评估（曹娟等，2004：77—81；邓秋才等，1996：11—19），也包括基于公众调查对景观空间视觉吸引要素和视觉吸引机制模式进行的量化分析（刘滨谊、范榕，2014：149—152；范榕等，2018：56—61）。还有许多学者通过采用一种或综合运用多种分析方法，对城市公园、乡村景观、街道景观、古典园林等各类景观环境构建了基于评价主体感知特征的视觉评价模型（翁殊斐等，2009：78—81；韩君伟、董靓，2015：116—119；邵钰涵、刘滨谊，2016：5—10；孙漪南等，2016：104—112；乐志等，2017：113—118；Li 等，2019：1350—1366）。

2. 基于评价客体的视觉资源禀赋评价

基于评价客体的视觉资源禀赋评价更接近于专家学派，要求研究者根据景观本身的属性结合自身的专业经验，在风景资源、质量、敏感性、阀值、价值、生态安全等方面建立评估模型。在此前提下，国内学者建立了以“风景旷奥度”为评价标准和指标的视觉景观评价体系（刘滨谊，1990：24—29），提出了景观视觉敏感度评价的具体量化操作方法（俞孔坚，1991a：38—51；俞孔坚，1991b：46—49 + 64），还将美国风景资源管理（VRM）系统的评价指标与视觉敏感度指标相结合构建了景观敏感度和景观阀值评价体系（张善峰、许大为，2005：1—4）。此外，其他一些基于景观资源禀赋和研究者自身经验的评价方法，如层次分析法、灰色聚类法、等距离专家组目视评测法（EDVATA）等也在各类环境和园林植物的视觉质量评价方面得到广泛应用（唐东芹等，2001：64—67；吴必虎、李咪咪，2001：214—222；李晖，2002：14—16；赵兵，2011）。

随着 GIS 技术的发展，利用 GIS 进行景观视觉质量评价的研究案例随之大幅度增加。与此同时，在我国现代景观规划设计学科领域内关于景观概念的理解也正在发生着改变。许多学者认为，对于景观的理解不应拘泥于传统的“园林”，而需放眼视觉所能触及的所有人类生活空间，景观规划设计也不再单纯依附于环境美学理论，还应兼顾其生态功能和游憩功能（俞孔坚，1998；刘滨谊，2001：7—10；王云才等，2006：517—525 + 64）。在这一背景下，GIS 强大的视觉和生态叠加分析功能得到了充分彰显，如利用场地可见度分析和视觉敏感度分析构建景观视觉安全格局（俞孔坚等，2001：11—16）、利用 GIS 技术测定森林公园的视觉敏感度（刘惠明等，2003：78—81）、利用 GIS 的三维分析功能定量评价建设项目对文保单位的视觉环境影响（张林波等，2008：2784—2791），以及利用 GIS 的叠加分析功能对森林公园进行视觉质量评估（裘亦书等，2011：1009—1020），等等。此外，还有学者通过比较法，来验证 GIS 手段在视觉质量评价中的精确性。结果表明，将 GIS 技术与传统问卷方式相结合，能够互补各自的局限，完善评价结论（齐津达等，2015：245—250；张强等，2016：128—133 + 149）。除 GIS 外，随着数字化技术的进步，更多的定量研究方法开始运用于景观视觉评价中，大大增加了景观视觉评价的科学性，并有助于挖掘景观构成与感知的深层机制（成玉宁、袁旸洋，2015：15—19）。在研究对象上，基于数字化技术的景观视觉评价研究也不仅限于对景观整体视觉质量的评价，而是更加深入地探索具体环境构成要素的视觉特征，如基于数字技术对景观环境色彩构成进行解析（成玉宁、谭明，2016：18—25；谭明等，2017：29—34），以及借助参数化设计软件来分析并归纳湖泊景观水体的"形态"特征等（袁旸洋等，2018：80—85）。

二　环境审美偏好与压力恢复的关系

除了提出景观需要具备"可解性"和"可索性"的理论外，Kaplan 夫妇还从环境心理学角度出发，提出了"注意力恢复（Attention restoration theory）"理论（Kaplan R & Kaplan S，1989；Kaplan S，1995：169—182）。在该理论中，Kaplan 夫妇绘制了一个以视觉认知为中心的心理恢复解释框架。他们认为，人们在日常的工作环境中通常使用他们的高级认知执行能力（包括直接注意力、注意力抑制、信息处理、决策等一系列脑力劳动），这就需要消耗心理能量，但心理能量并不是无限的，因此维持这些认知效应就会引发身心疲劳，常表现为任务受挫时的沮丧或易怒。但当人们身处另外一些不需要主动搜索复杂信息的环境（如自然环境）时，更多运用的是间接注意力而非直接注意力，这也使得直接注意力得到相应的恢复。由此 Kaplan 夫妇得出结论，人们在环境中得到心理恢复的条件为：远离日常烦恼（being away）、感知丰富多彩的内容（extent），获得审美的乐趣（fascination），并且需求能够得到满足（compatibility）。

相对于 Kaplan 夫妇提出的注意力恢复理论，美国地理学者 Ulrich（1977：279—293，1983：88—125）提出的“情感/唤起（affective/arousal）”理论认为压力产生的机制是：当个体面对那些可能威胁健康或生存的事件发生时需要消耗能够适当的心理生理能量和资源以消除威胁，这时候压力应运而生。在经过努力后，即使威胁已得到避免或消除，个体也仍然可能会受到压抑、焦虑和其他负面情绪的影响。由于心理生理能量的消耗，身体和精神上的疲劳会导致工作效率的降低（Ulrich，1981：523—556），而暴露于室外环境可能会促进或阻碍上述状态的恢复（Ulrich 等，1991：201—230）。因此，恢复性环境必须具备自然内容丰富、开放性强、复杂程度适中、安全性高、无强制性等特征，这些环境特征在短期（个人经验）和长期（物种进化）都对人类生存和福祉具有重要影响，并能快速引起积极有效的反应，使人们从压力中得到恢复（Ulrich，1993：77—137）。

在“情感/唤起”理论和“注意力恢复理论”的基础上，国内外学者广泛开展了有关景观环境与人群心理健康的研究，并取得了一定的突破与进展，大量研究明确了绿色景观对身心恢复的积极影响，并深入探讨了景观视觉特征对人群情绪的影响机制。

（一）绿色景观对身心恢复的积极影响

大量文献通过被调查者（环境使用者）的自我报告，证实了人群参与绿地体验与其拥有的积极情绪具有显著的相关性。总的来说，绿色景观对提升人类福祉具有直接和积极的影响（Bowler 等，2010：456）。除了能够调节人群的心理负荷之外，绿色景观还有助于人们参与社会活动，感悟生活的意义和目的（Obrien 等，2011：77—81），对于促进人群的主观幸福感（White 等，2013：920—928）、凝聚力和社会参与感（Orban 等，2017：158—169）发挥着重要作用。此外，研究者通过在建成环境开展对照实验发现，绿色景观对认知功能（Wells，2000：775—795）、记忆力和注意力（Hartig 等，2003：109—123），儿童学习行为（Dadvand 等，2015：7937—7942）以及想象力和创造力的发展等各个方面都具有重要意义。随着近年来中国城市化进程的加剧，国内关于景观环境与城市居民健康关系的研究也逐渐增多（陈筝等，2017：99—105）。研究者们都试图从景观中自然要素的康复疗愈功能入手，对包括疗愈花园（李树华、张文秀，2009：19—23）、社区环境（谭少华、雷京，2015：136—138）和城市公园（彭慧蕴、谭少华，2018：5—9）等多种人居环境的康复减压作用展开研究，并建议通过植物或与植物相关的园艺活动提升积极的情绪。

（二）景观视觉特征对人群情绪的影响机制

关于景观视觉特征对于人群情绪影响机制的研究，多采用心理物理学派的分析思路，依托追踪访谈和问卷调研开展。例如，谭少华等通过调研问卷的形式研究袖珍公园空间中缓解人群压力的主要影响因子，其中“植物色彩丰富/单调”“植物覆盖面积多/少”等因子的影响效果明显（谭少华、彭慧蕴，2016：65—70）。为突破问卷调研等研究方法的主观局限性，近年来有研究团队开始借助于沉浸式虚拟现实技术模拟城市绿地环境（以避免现实环境中复杂的影响因素），探索了不同的城市绿地空间特征对人群情绪影响。新研究成果主要包括：（1）草地、林地以及硬质铺装等三种空间界面中，草地环境能对缓解人群压力带来积极的影响（Huang 等，2020）；（2）在不同绿地组成环境对人群的感知恢复能力层面上，混交林、疏林草地和落叶树种对恢复潜力的影响作用大，而建筑物及硬质铺装则具有负面影响（Tabrizian 等，2020）；（3）具有天然森林形态和水景特征的地貌景观可能是佳的生理和心理恢复环境（Deng 等，2020）。景观物理属性和人类视觉感知在这些研究中仍然占据着重要地位。

三　基于眼动实验的视觉感知研究

森林资源在城市居民日常休憩游赏活动中发挥着重要作用，森林资源的景观价值在一定程度上影响着公众生活质量。因此，森林公园景观资源评价一直是国内外学者研究的热点（Scott，2002：271—295；Gundersen 等，2017：12—24）。尤其是森林公园景观美景度调查是联系森林资源保护开发与公众审美偏好研究的桥梁（Deng 等，2013：209—219）。然而，随着研究的深入，学者们发现，传统的美景度问卷调查只能基于景观整体质量比较不同景观之间的美景程度，却无法判断景观中具体是哪些部分最吸引人。人们在观察景观时的视线并非是随机运动的，而是存在一定的规律性（Humphrey，2009：377—398），随着人因工程学的发展，视觉追踪技术应运而生，并且在商业和心理学领域得到广泛应用。有赖于对人们眼动行为特征的考察，产品测试、平面广告设计领域得以快速发展（Bogart & Tolley，1988：9—19；Lohse，1997：61—73；Pieters等：424—438，1999；Wedel & Pieters，2000：297—312；Lohse & Wu，2001：87—96）。近年来，眼动追踪技术开始由欧洲学者引入到景观评价中（De Lucio等，1996：135—142；Duchowski，2002：455—470），通过判断人体视觉兴趣区域的分布和视觉注视规律，为包括森林公园景观在内的各种景观环境的视觉评价提供辅助支持，基于眼动追踪的测度方式相对于传统问卷打分的测度方式也更加稳定和客观。但是，该技术在景观研究中仍然较为新颖，已有的研究成果在研究方向上较为零散，知识体系尚不全面。因此，如何将该技术引入到我国森林公园景观视听资源调查中，并且继续拓宽技术使用领域，合理利用分析结果指导森林公园景观质量提升，以及森林资源的保护、开发与管理，值得考虑与探讨。

目前的眼动追踪研究主要采用两种视觉刺激模式展开：实验室条件下的景观图片刺激和实地景观刺激，这两种方式均可以客观衡量人在景观环境中的视觉行为与观察模式（Dupont & Antrop，2014：417—432）。相对而言，图片调查法具有操作方便、实验可控性强、评估效果与实地景观无显著差异等优点，因而在研究中应用更为普遍（Sevenant，2010）。目前，在景观评价中引入视觉追踪技术，主要对以下几个方面进行了研究：（1）基于不同的景观尺度、景观类型和景观特征，考察景观空间和要素差异对观察者视觉行为的影响。Dupont等人（2016：17—26）发现，由于景观环境中人工构筑物会对人的视觉行为产生干扰，因此在景观设计中合理规划与布设构筑物对景观环境的特色营造十分重要。在森林公园景观中的旱柳林样地调查中发现，树冠和草坪等景观要素对人们的注视行为具有一定影响（张昶等，2020：6—12）。（2）对图片刺激方式进行考察发现（Dupont & Antrop，2014：417—432），对于同一景观环境而言，是否为全景拍摄，以及景观本身的开阔性和异质性均会影响被调查者视觉行为和观察特征。（3）基于人口统计学差异，调查不同专业背景（景观专家与普通市民）、不同性别、不同国籍和文化背景的人群在景观兴趣特征方面的差异（De Lucio等，1996：135—142；Dupont & Antrop，

2015：68—77）。结果表明，专家比普通人更重视景观的整体组合与细节表现，女性比男性更加重视景观组分间的差异与对比。（4）在实验过程中加入任务指令，监测被调查者在目的需求的指引下，从视觉行为中传达出来的兴趣与偏好。例如，在城市公园中要求被调查者找出最适合休息和康养的场所，并通过视觉追踪发现被调查者的兴趣区域（Nordh 等，2013：101—116）。（5）将眼动追踪技术运用于视觉质量评价中，并与传统的主观问卷调查进行相关性分析，构建更加完善的视觉质量评价框架（郭素玲等，2017：1137—1147；王明，2011；曾祥焱，2017；邵华，2018）。

总体而言，目前视觉追踪技术主要围绕着景观之间的差异展开视觉行为和兴趣区域的研究，再结合传统的主观问卷调查（如美景度等）手段，形成交互性评价结果。在这一研究体系中，视觉追踪技术基于人类视觉行为特征与注视规律，分析眼动数据所反映出的人们对景观环境的真实兴趣。因此，运用视觉追踪技术不仅局限于审美偏好的考察，还可以通过目标引导，调动被调查者的大脑兴奋度，从而得出基于心理和生理变化下的视觉感知判断结果，以此指导景观环境的改善和营建工作。但是，在我国景观评价领域，视觉追踪技术仍然是一个崭新的研究方法，对于眼动指标的深入挖掘以及眼动行为与心理健康之间关系的研究仍然较为缺乏，因此，基于该技术许多研究领域仍然有待得到进一步探索。

第三节　声景理论

一　国外声景研究

声景研究是近年来较为热门也是景观感知研究中不可忽视的研究领域，针对国外声景研究，国内学者也曾进行积极的借鉴与总结。有的学者在宏观上梳理与总结其研究范畴与理论方法（康健、杨威，2002：76—79；秦佑国，2005：45—56），也有学者尝试从不同的学科背景出发，提出声景研究在各自学科视角下所面临的机遇与挑战（许晓青等，2016：25—30；刘爱利等，2013：1132—1142；李牧，2018：126—134；徐秋石、刘兵，2018：88—97）。但是由于近年来国外相关研究呈迅速增加与更新的趋势，包含学科及理论基础的不断拓展，传统文献分析方法较难在短期内从海量数据中有效揭示国外声景研究的知识结构及其总体演进特征。因此，本节主要基于科学知识图谱分析工具（王俊帝等，2018：5—11；钟乐等，2018：23—28），对国外声景研究的研究热点及研究成果等进行可视化分析。

（一）研究内容分析

关键词是文献核心思想及内容的浓缩与提炼，可反映出热点研究领域。首先利用 CiteSpace 提取文献关键词，待关键词知识图谱生成后，对关键词进行聚类统计，再结合关键词知识图谱、关键词突变信息图进行综合分析。在高频关键词聚类信息表（见表 2－1）中包含人类声景感知、非人类生物的声景响应、声景生态学 3 个聚类，而这 3 个聚类也基本涵盖了国外声景研究的热点领域。国外声景研究从主要关注人与声景的和谐共处，到兼顾非人类生物的声景响应，再到放眼于整体生态系统的声景互动，有着一个较为清晰的发展脉络，而这一循序渐进的演变过程也可从高频关键词图谱（见图 2－1）中得到反映。例如在高频关键词图谱中，除了“噪声”“感知”“偏好”等词汇外，“生物多样性”“栖息地”“鸟类”等词汇也具有较高的被引频次和中介中心性。

表 2－1　　　　　　　　　　　高频关键词聚类信息表

热点一：人类声景感知			热点二：非人类生物的声景响应			热点三：声景生态学		
关键词	频次	中心性	关键词	频次	中心性	关键词	频次	中心性
噪声	179	0.08	声音	112	0.03	生物多样性	42	0.05
感知	98	0.12	环境噪声	46	0.05	声景生态学	40	0.03
质量	73	0.08	栖息地	41	0.09	人为噪声	37	0.07
烦恼度	69	0.06	鸟类	35	0.05	多样性	29	0.04
偏好	41	0.08	行为	34	0.03	气候变化	18	0.03
公园	30	0.05	被动声学	22	0.00	物种丰富度	13	0.01
健康	23	0.10	鱼类	14	0.02	分类	17	0.05
城市	24	0.04	海洋声景	14	0.00	识别	18	0.07
声舒适	16	0.03	珊瑚礁	12	0.03	记录	14	0.01
宁静	10	0.02	枪虾	10	0.02	雨林	7	0.00
飞行器噪声	9	0.06	鲸鱼	2	0.00	丰度	5	0.01

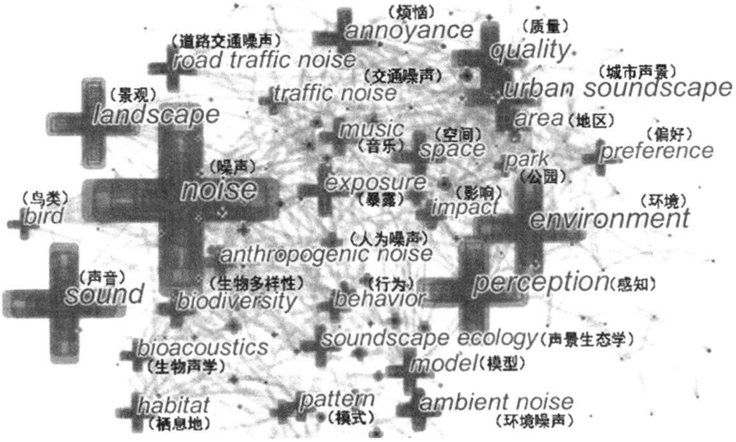

图 2－1　高频关键词图谱

1. 热点一：人类声景感知

人类声景感知研究作为国外声景研究中最先开展与最为普及的研究领域，主要目的在于探讨既定场景下声音对使用者（人类）的影响，而当前大多数的声景研究框架也是基于这一目的所建立的（Cooper，2002：116—129）。例如 Job 等（2001：120—124）建立的研究框架将声景研究的对象分为“环境景观”（enviroscape）与“心理景观”（psychscape）两部分，既强调了客观环境对声景感知的影响，又强调了个人体验对声景感知的作用。Herranz 等（2010）通过构建“人—场所—活动”的模型来理解和研究声景。在该模型中，研究对象包括人、场所、人与场所的互动及活动四个方面，从空间和时间两个维度上都更加全面地考虑了人类声景感知中的影响要素。

基于以上的研究框架，国外学者开展了大量工作。就场所而言，从城市（Raimbault & Dubois，2005：339—350）、公园（Nilsson & Berglund，2006：903—911）、乡村（De Coensel & Botteldooren，2006：887—897）等人类相对密集的聚居空间到国家公园（Mace 等，2013：30—39）、荒野（Pheasant & Watts，2015：87—97）等人迹罕至但极具环保价值的地区都有所涉及；就声源而言，涉及人为声（Bennett & Rogers，

2014：454—464）、生物声（Hedblom & Heyman，2014：469—474）以及地球物理声（Jeon 等，2010：1357—1366）等种种声源；就影响结果而言，不只关注使用者单一维度的评价，而是综合考虑反映人类感受的多维度指标，如烦恼度（Gidlof-Gunnarsson & Ohrstrom，2007）、舒适度（Szeremeta & Zannin，2009：6143—6149）、注意力（Oldoni 等，2013：852—861）、压力恢复（Alvarsson 等，2010：1036—1046）等。此外，还考察了声景及其感知偏好在时间上的分异特征（Torija 等，2011：88—99；Raimbault 等，2003：1241—1256）。

将客观声音数据与主观感受数据相结合进行交互分析是“人类声景感知”研究中最主要的研究方法（Axelsson 等，2010：2836—2846；Ohrstrom 等，2006：40—59；Dubois 等，2006：865—874）。考虑到单独的心理学指标还不能准确地评价声景，因此采用生理学方法进行声景研究的案例也开始涌现，例如使用核磁共振成像技术探讨人类对宁静度的感知（Hunter 等，2010：611—618）、探寻声景影响下自主生理信号（如心率、呼吸、肌电等）与主观心理情绪的关系等（Hume & Ahtamad，2013：275—281）。此外，结合其他人类感官，特别是采用视听交互手段量化声景感受也是国外学者较为重视的研究方法（Carles 等，1999：191—200；Hong & Jeon，2013：2026—2036；Preis 等，2015：191—200），对于全面准确推进声景感知偏好研究及声景设计实践具有重要的意义。

2. 热点二：非人类生物的声景响应

随着声景研究的深入，学者们认为只关注生物圈中的声景对人类的意义显然不够全面，在重视人类声景利益、创造与改善声景的同时，不应对其他生物的生存和繁衍产生不利影响，因此逐渐将声景研究的范畴拓展至非人类生物的层面（Kazmierow 等，2000：1—14）。在该聚类中，随着“珊瑚礁”“海洋声景”“水下噪声”等热词的出现，显示出学者们的研究视野逐渐从陆地向海洋拓展。在考察人为噪声对生物影响的同时，栖息地本身的声景特征也成为学者们关注的焦点（Kennedy 等，2010：85—92；Radford 等，2010：21—29）。

与“人类声景感知”研究中主要依靠问卷调查收集数据的途径不同，在“非人类生物的声景响应”研究中，数据获取主要依靠声源的实地测量及生物行为、种群数量的实时监测。通过声学参数的描述、对比来研究声环境的分异特点，进而通过数理统计方法，结合生物个体、种群的监测数据来揭示声景变化对非人类生物活动的影响机制。

3. 热点三：声景生态学

近年来，国外学者在以人文和生物学视角考察声景的基础上，已经开始将整体生态系统的声景效益纳入研究范畴之中，声景的生态特征及生态指示作用开始成为国外学者所关注的重点。Pijanowski 等人（2011：203—216）受到景观生态学“格局—过程”理论的启发，提出了“声景生态学”的研究框架。在“声景生态学”视野中，人与声景的关系只是整体声景生态演变的一部分，声景格局可以被气候、地球物理变化、生物活动、人类活动等诸多因素直接或间接的影响，同时声景格局的改变通过反馈机制也在直接或间接影响着这些因素（见图 2－2）。与生物声学对生物个体或种群的关注不同，声景生态学重点着眼于大尺度的区域问题，并且关注所有生命体与声景之间的综合作用。基于这样的宏观视角，“声景生态学”将声学生态学、生物声学、心理声学和空间生态学有效地整合在了一起，为声景研究开拓了思路。随着概念的提出，Pijanowski 等学者还展望了“声景生态学”今后的六大研究重点：（1）测量与分析；（2）时空变化动态；（3）环境协变量对声景的影响；（4）人类对声景的影响；（5）声景对人类的影响；（6）声景对生态系统的影响。

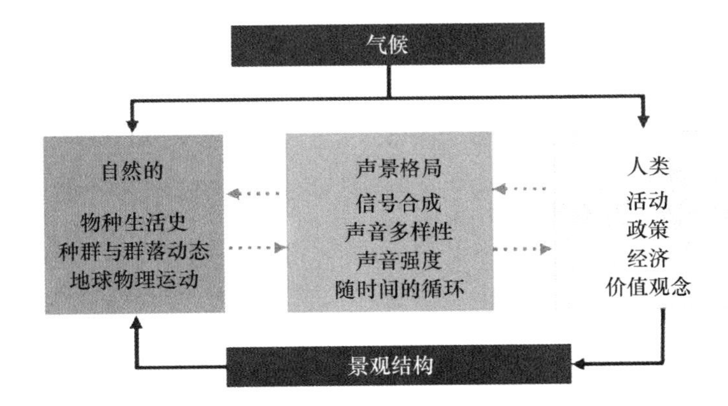

图 2－2　Pijanowski 提出的声景生态学研究框架

在“声景生态学”研究中，进行大量跨越时空的实地声学布点测量，是调查与分析区域声景特征的基本手段。对收集到的声音数据进行自动识别则是“声景生态学”地研究重点，已有学者可以成功地利用先进的机器学习和非线性统计工具对昆虫、鸟类及哺乳动物的不同发声或鸣叫模式进行分类（Chesmore，2004：435—440；Trifa 等，2008：2424—2431；Kasten 等，2010：153—166），以此作为衡量生物多样性的直接证据。同时，不同学者还基于生态学理论提出了大量反映环境生态特征的声景指数，如声音复杂度指数（Acoustic Complexity Index）（Pieretti 等，2011：868—873）、归一化声景观指数（Normalized Difference Soundscape Index）（Kasten 等，2012：50—67）、声音多样性指数（Acoustic Diversity Index）（Pekin 等，2012：1513—1522）、声音均匀性指数（Acoustic Eveness Index）（Villanueva-Rivera 等，2011：1233—1246）等。在生物多样性监测与调查方面，6 年间学者们提出了 21 种反映群落内物种多样性（α-diversity or within-habitat diversity）的声景指数与 7 种反映群落间物种多样性（β-diversity or between-habitat diversity）的声景指数（Sueur 等，2014：772—781）。另外，利用互联网的便捷性，建立了远程声景数据检索、提取、分析与模拟的环境评估数字图书馆也为“声景生态学”研究提供了更多的可能（Kasten 等，2012：50—67）。

4. 声景地图

声景地图作为一种调查和研究结果的可视化手段，也是声景研究中的重要一环，在上述三个研究热点中均可以加以采用。无论是客观物理声学数据还是主观声景感知数据，抑或是区域声景生态特征数据，都可以通过声景地图的绘制进行可视化操作，并且最终通过分类收集以完善声景数据库的建立。近年来，随着声景研究的发展，声景地图绘制技术也取得了长足进步，除了通过实地测量绘制声景地图外，还包括与 GIS 软件相结合绘制声源感知地图、采用计算机模拟声音传播与反射过程绘制声场地图，以及借助人工神经网络训练技术制作声景预测地图等（Kang 等，2015：161—196）。

（二）国外声景研究的不足

纵览收录于 WOS 核心合集数据库的声景研究英文文献，展现出以下特点：（1）研究由冷趋热。声景研究的热度正在与日俱增，以往在风景园林、建筑、地理、旅游、生态等环境学科中长期被忽视的声景描述、评价与设计问题受到越来越多的关注与重视。（2）研究视角多元。国外声景研究呈现了从音乐学、声学到工程学、环境科学，再到心理学、应用科学的多学科分布特征，结合并应用了人文艺术、自然科学与社会科学的多领域知识及方法，具有较为明显的跨学科包容性。（3）研究内容逐渐丰富。就声景的存在空间来看、现有研究已从不同尺度的城市空间向乡村、国家公园乃至海洋环境拓展，而对于各类不同特征的声源、使用者以及各项不同维度影响指标的研究也随之不断丰富。（4）研究框架日益完善。从接续 Schafer 的理念关注人类对声景的感知，到兼顾生物圈中非人类生物对声景的响应，再到以“格局—过程”为指导关注区域层面的声景生态特征与演变机制，是国外声景研究的主要发展脉络。基于这些思想转变逐步完善的声景研究框架，使国外声景研究得以越来越全面、科学的解释和理解声景现象，并为声景实践的开展奠定了良好基础。

尽管声景研究已形成了从基础性问题到多维度思考的研究模式，但仍存在以下不足：（1）研究内容有待深化。有关“人类声景感知”的研究虽已取得大量成果，但在揭示感官知觉中信息组织方式、声景评价与身心健康的关系，以及制定针对不同环境的声景规划设计导则等方面仍有许多工作需要开展。（2）研究学科有待融合。目前国外声景研究已呈现出多学科、跨学科态势，但距离打破学科界限、实现学科交叉融合仍然存在一定距离。（3）声景标准化建设有待加强。声景数据收集及评估方法的标准化对于研究结果的可比性、再现性具有重要意义。目前已有学者和相关组织致力于此，也提出了声源分类在不同环境下的通用框架（Brown 等，2011：387—392），但诸如声音数据的采集、实验室与现实环境下的感知差异、不同影响维度之间的相关性等问题仍然需要进一步探讨。（4）声景普及有待提高。虽然历经几十年的发展，但公众对声景的认识总体上仍十分匮乏，这也会直接影响到研究结果的准确性及实践成果的有效性，因此声景理念普及势在必行。另外需要说明的是，以上四个方面的缺陷与不足并非独立存在，而是相互影响、相互制约的，在解决的过程中需要共同推进，综合完善。

二 国内声景研究

相比国外声景研究，国内声景研究起步较晚。随着人居环境科学的深入发展，人们开始普遍的意识到五感综合体验与四维时空的重要性，对以往秉持的唯视觉论和唯空间论进行了积极反思，声景的理念也随之深入人心（康健、杨威，2002：76—79；秦佑国，2005：45—46；李国棋，2004；刘爱利等，2014：1452—1461）。

（一）研究内容分析

通过对关键词图谱（图2－3）中高频关键词所对应的相关文献及高频引用文献（表2－2）进行梳理后发现，当前国内学者们围绕声景问题所开展的研究主要集中在“人类声景感知”和“声景传统挖掘”两个方面。其中“人类声景感知”的研究主要是基于人文视角探讨人与声景的关系，也是国外声景研究的主流热点。而“声景传统挖掘”则属于具有中国特色的研究方向，旨在梳理中国本土有关声景的审美与营造传统。

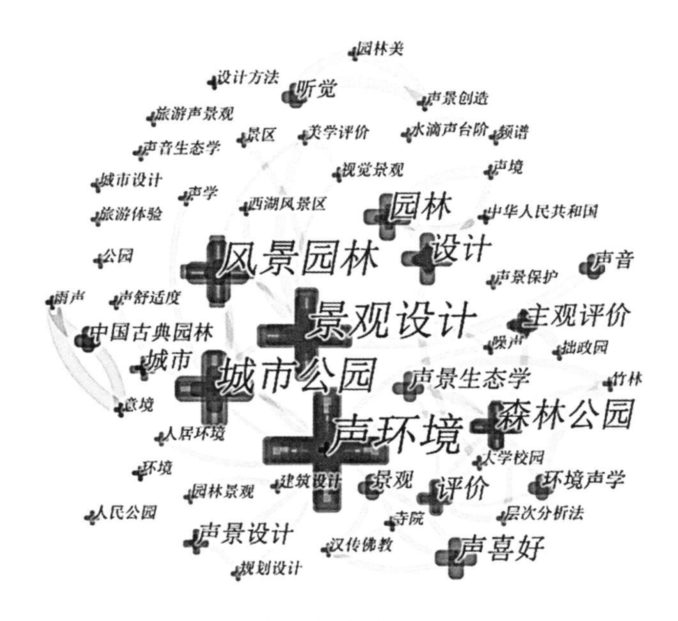

图2－3 国内声景研究关键词图谱

表 2－2　　国内声景研究高频引用文献统计表
（截至 2022 年 4 月 25 日）

序号	文献名称	引用频次	年份
1	城市公共开放空间中的声景	270	2002
2	关于城市公园声景观及其设计的探讨	189	2003
3	城市景观中的声景观解析与设计	257	2004
4	环境声学的新领域——声景观研究	84	
5	声景学的范畴	298	2005
6	城市开放空间声景观形态构成及设计研究	107	2006
7	社区公园的声景观研究	90	
8	基于声生态学的城市景观设计策略探讨	62	
9	城市公共开敞空间中的声景语义细分法分析的跨文化研究	62	
10	中国古典园林的声景观营造	145	2007
11	声景理念的解析	70	
12	声景学在园林景观设计中的应用及探讨	59	
13	听觉景观设计	205	
14	论声景类型及其规划设计手法	82	2009
15	中国古典园林声景思想的形成及演进	81	
16	城市公园声景特性解析	49	
17	民族音乐学视野中的区域音乐研究	69	2010
18	城市公园声景观要素及其初步定量化分析	65	2012
19	城市公园声景分析及 GIS 声景观图在其中的应用	61	
20	声景：现状及前景	79	2014

1. 热点一：人类声景感知

“人类声景感知”研究作为国外声景研究中最先开展与最为普及的研究领域，也是当前国内声景研究中的主要研究方向。声景感知研究目的在于探讨既定场景下声音对使用者（人类）的影响，而声景评价与声景设计是其两种主要呈现方式。

在声景评价方面，主要采取实地测量与调查问卷相结合的调查方法，以及客观声学数据与主观感知数据交叉分析的社会心理学评价方法。在研究内容上，主要以听者对单纯声环境的感知偏好为主，其中包括声源类型和声学参数对听者的影响研究（马蕙、王丹丹，2012：81—85 + 118；任欣欣，2014：56—59；洪昕晨等，2018：66—71；仇梦嫄等，2013：54—61）、声景感知偏好影响因子的主成分研究（陈克安等，2009：132—137）、听者的社会人口特征差异研究（刘芳芳等，2012：50—56）以及听者不同维度感受间的相关分析等（秦华、孙春红，2009：28—31；仇梦嫄等，2017：105—115）。以上各类研究并非独立进行，更多学者对上述问题的研究往往综合开展。例如任欣欣和康健（2016：114—117）考察了不同社会文化背景下听者对不同声源类型的评价差异；张玫和康健（2006：523—532）基于语义细分法与主成分分析法提取并比较了中英两国听者的评价影响因子，发现在城市开放空间中，影响声景评价的决定性因子在中英案例中有所不同。除了采用社会心理学方法进行声景调查评价外，也有学者采用层次分析法、德尔菲法等运筹学方法进行声景评价指标体系的构建（陈飞、廖为明，2012：56—60；洪昕晨等，2016：116—120；钟乐等，2017：224—230），针对的对象主要是城郊森林公园。但是不同学者所构建的评价指标体系不尽相同，显示出学者们对声景要素的认识还未达成共识。此外，由于声音与人类感受都具有时空分异特征，因此声景感知偏好也涉及空间与时间两个维度。早期学者主要关注声景感知变化的空间性特征，近年来，也开始将时间因素纳入声景感知偏好的研究范畴之中：如葛天骥等（2018：32—35）研究了听者对不同种类鸟鸣声主观评价的季节性差异；李华等（2018：9—15）以梅岭国家森林公园为例，分析了不同季节中声景响度、协调度、舒适度与游客整体满意度之间的相关性。

以设计学思维进行声景创造和优化一直是传统设计类学科所关注的重点。早期从事声景设计研究的学者们主要是通过理论介绍、案例枚举等方式对声景设计原则、方法与步骤进行总结和归纳（翁玫，2007：46—51；邓志勇，2002：73—74；葛坚、卜菁华，2003：58—60；葛坚等，2004：994—999）。近年来，随着定量方法和数字技术的普及，开始转向一种更为具体的探索式设计研究，即在实际项目中推敲声景设计的现实成果并寻求改善途径。该类设计研究强调将前期声景评价纳入到整体设计中来，首先通过声景漫步、物理测量和社会调查等方法分析与评价项目中的声景现状，继而提出相应的优化措施。例如陈星通过调查各声景元素所蕴含的“声境”特征及听者对不同声景元素的喜好特征，试图构建声景元素之间的互动关系网，以避免声景设计中声景要素的简单叠加（陈星、杨豪中，2014：125—130）；纪卿借助相邻声音空间影响理论、声音贡献与声音需求理论和时间齿轮理论构建了一套利用软件优化声环境的运行逻辑，并认为先由软件智能输出各声音空间最佳的位置关系图，再用传统设计方法进行细节推敲，是一个较好的声景设计策略（纪卿，2006：13—16）；康健采用现场测试、问卷调查、实验采集等多种数据获取方式，结合数理统计与数值模拟等方法，对中国严寒地区村镇物理环境的客观规律与主观感受进行了分析，并提出相应的改善技术与策略（康健等，2016：106—112）。

2. 热点二：声景传统挖掘

从历史上看，中国很早便已存在与“声景”理念相似的声音观照传统，如众多以声音为主题的古典园林景观以及古代文学典籍中大量“以声传情”“以声写意”的描写手法，都是站在人的感知角度对客观环境中声源所进行的主观艺术加工，这与当代“声景”诉求可谓异曲同工。随着声景研究的发展和对声景概念理解的加深，国内学者在吸收借鉴国外先进经验的同时，也开始注重从博大精深的本土文化中挖掘具有中国特色的声景营造传统，以期为声景遗产保护作出指导，也为当代声环境改善提供参考（吴硕贤，2015：38—39）。通过查阅相关文献可以发现，国内的声景传统挖掘工作基本呈现出两种不同的研究思路：（1）以文献学和历史学的方法考证与复现古代声环境。如吴硕贤（2012：109—113）系统总结了《诗经》中所出现的自然声景与人工声景，展现了先民对周遭声景关注之切及兴趣之浓；王书艳（2012：144—148）梳理了唐诗中所出现的听觉意向，并揭示了诗歌在古人生活中的多元价值；李贵（2018：127—134＋192）通过对北宋文学作品的深入研读，复写了北宋首都汴京城的基调声景——莺啼蝉鸣，并借由声景考察时代记忆，探讨了声音对物质空间和文化空间积极的构建作用。（2）以设计学的视角解析并归纳古代声景营造法则。主要包括：通过梳理中国古典园林声景思想的演进过程来揭示中国古典园林声景营造的文化特征与技术逻辑（袁晓梅、吴硕贤，2007：70—72；袁晓梅，2009：32—38），以及通过借鉴古典园林空间营造传统提出相应的声景设计手法（刘滨谊、陈丹，2009：

96—99）。“自然之声”“古琴之韵”和“戏曲之境”被认为是构成中国古典园林中自然与人文和谐交融的绝妙交响，也是达到天人合一、物我两融的重要途径（张俊玲、刘希，2012：63—65）。在“自然之声”中，传统名花的声景营造特点也得到了很好的归纳与总结（胡杨等，2015：8—12）。

3. 其他研究内容

声景地图作为一种调查和研究结果的可视化手段是当前国际声景研究中的重要组成部分。无论是客观物理声学数据还是主观声景感知数据，抑或是区域声景生态特征数据，都可以通过声景地图的绘制进行可视化操作，并且最终通过分类收集以完善声景数据库的建立。近年来，随着声景研究的发展，声景地图绘制技术也取得了长足进步，除了通过实地测量绘制声景地图外，还包括与 GIS 软件相结合绘制声源感知地图、采用计算机模拟声音传播与反射过程绘制声场地图，以及借助人工神经网络训练技术制作声景预测地图等（Kang 等，2015：161—196）。在我国，也有学者曾较早的指出绘制声景地图对全面评价声环境的必要性和重要性（吴颖娇、张邦俊，2004：565—568），但就目前的研究成果来看，文献数量相对较少，所采取的技术手段主要以实地测量绘制声景地图和利用 GIS 软件绘制声源感知地图（葛坚等，2007：112—115；蔡学林等，2010：1195—1201；孙崟崟等，2012：229—233；扈军等，2015：1295—1304）为主。此外，还有学者尝试将声景地图与规划设计领域的其他数据，如视景 VGA 图（刘芳芳，2014：48—51）、城市形态参数（蒿奕颖，2014：36—39）、景观影响因子（田方等，2014：87—92）等相结合进行叠加分析和相关性分析。

2016 年以来，国内声景研究开始初步呈现出多样化发展的趋势，一些以往研究中所忽视的问题以及国际声景研究中的不足与缺陷逐渐受到国内学者的关注。在微观的局部声景层面上，一些学者致力于通过模拟、仿真等声学实验来深入剖析典型声景范例的物理机制，以期为声景设计与改造提供借鉴（林建恒等，2016：87—90；侯万钧等，2018：11—17；李波波等，2018：217—221）；在宏观的区域声景层面上，以声景生态学理论为基础，利用声景指数、语谱图识别等方法来分析评估生物多样性的研究也有所开展（程天佑等，2016：239—242 + 254；蒋锦刚，2016：

7713—7723）。同时，环境信息管理领域的研究人员借助大数据思维，在建立远程声景数据库方面进行了相关探索（李春明、张会，2017：264—268）。

（二）国内声景研究的不足

对中国知网中关于声景研究的相关论文进行分析，主要得出以下结论：（1）声景研究的年发文量呈现出持续增长的阶段性特征，但总发文量仍然偏少，收录于CSSCI、CSCD、中文核心刊物的高水平文献较少。（2）从研究主体特征上看，部分从事声景研究的学者形成了较为固定的学术群体，但是总体较为分散，呈现出“总体分散、局部集中”的特点；不同机构关于声景的研究成果在数量上存在较大差异，各研究机构之间的联系较差，学术交流有待进一步加强。（3）从研究热点上看，人类声景感知研究与声景传统挖掘是国内声景研究的两大热点。人类声景感知以声景评价、声景设计等内容为主，成果较多。其中声景评价主要采用主客观数据交叉分析的社会心理学评价方法，早期以城市开放空间的声景评价为主，后期逐渐拓展至乡村、郊野空间与森林公园。声景设计则主要采用理论归纳与设计探索两种研究思路，前者以设计方法的归纳梳理为主，而后者则基于具体项目与实测调查，提出分析评价后的优化设计策略。声景传统挖掘是区别于国际声景研究的本土化特色研究方向，在以文献学、历史学方法考证并复现古代声环境的同时，以设计学视角解析古典园林的声景营造法则，是国内声景传统挖掘工作的主要特点。（4）声景地图作为调查和研究结果的可视化手段逐渐得到重视与应用，以生态学视角进行的声景研究近两年也有所开展。

相较国外而言，中国的声景研究与实践起步较晚，但随着国际声景研究领域成果的不断涌现，国内对声景研究的关注度也在日益提高。但相较于国外，我国在未来时期内的声景研究与实践仍然有以下工作需要进一步完善：

（1）开阔研究视角，促进学科交叉融合。考虑到声音的遍在性特征以及声景概念所包含的整体思想，促进人文艺术、自然科学和社会科学的学科交叉融合对于声景知识体系的构建十分必要。在国外，声景作为一个音乐学概念被提出后，受到了物理声学、生物声学、环境科学、地理学、生态学等多学科研究的广泛关注，这对于声景的认知和研究实践具有积极的推动作用。在以设计学视角考察声景现状进行声景评价与设计实践外，生物学对物种个体及种群行为与进化的关注有助于探索声景对非人类生物的影响作用；生态学从区域尺度对声景生态特征及演变机制的关注有助于揭示声景与整体生态系统的互动与反馈；地理学特别是人文地理学对于地理时空分异现象的关注有助于探讨声景所属自然地理环境与人文社会环境之间的相互关系，以及声景与个体、社会政治经济等方面的文化关联；音乐学基于美学思想对声音原理、特性与传播的关注有助于促进人居环境中的声景营造从现象走向艺术，同时民族音乐学对不同地域音乐结构、风格与分布规律的探讨也有助于传统声景的保护和利用。在当前人居环境恶化的普遍影响下，地方声景也遭到不同程度的破坏，积极强调各学科的知识整合，以多学科理论作支撑，有助于从微观到宏观在各种尺度下创造舒适和谐的声环境。

（2）拓展与深化研究内容。虽然国内学者在人类声景感知与声景传统挖掘方面取得了一定的成果，但仍然存在许多不足。在声景评价中，目前国内学者主要使用基于问卷调查的心理学评价方法，而缺乏基于生理学实验数据的感知分析，在揭示感官知觉的信息组织方式、声景评价与身心健康的关系等方面仍有许多工作需要开展。在声景设计方面，已有学者制定了关于城市开放空间的声景规划设计导则（Zhang & Kang，2007：68—86；Kang，2006），但对其他类型的空间环境仍需制定相应的系统性导则。从声景标准化来看，诸如实验室与现实环境下的感知差异、不同影响维度之间的相关性、声音数据的调查评估方法等问题仍然需要进一步探讨。以上这些问题连同声景生态学视角下的声景生态特征与演变机制研究，既是国内声景研究的冷点与盲点，也是国外声景研究中亟待填补的空白，对于这些问题的关注有助于国内声景研究实现跨越式发展。此外，以文献学和历史学角度开展的声景传统挖掘工作，从当前的研究内容和研究数量上来看仍然有待进一步的丰富和深化。中国传统文化博大精深，历史典籍浩如烟海，系统的整理、考证与复现古代声环境，并在此基础上总结中国声景审美与营造传统，仍有大量的案头工作需要完成。

（3）开展声景教育与普及。声景理念尤为强调从使用者来，到使用者去。因此，积极开展声景的教育和普及活动是声景研究与实践发展的基础（何谋、庞弘，2016：88—97）。

第四节　环境感知偏好中的视听交互机制

随着视觉感知研究的成熟和声景理念与声景研究的普及，基于视听交互的景观感知规律也开始得到了一定的关注。从目前的研究进展来看，已经开展的视听交互研究主要涉及城市公共空间的噪声感知，并没有涵盖所有的环境类型和声源类型。但即便如此，学者们还是普遍承认声景与视景之间的相互作用。通过梳理相关研究可以发现，视听交互研究主要涉及以下两个方面的内容，分别为视觉特征对声音感知的影响和视听交互下的压力恢复效应。

一　视觉特征对声音感知的影响

风景中优美宜人的视听资源始终受到人们的青睐，风景美往往是视景与声景协调共存的结果。环境中的视听资源本身具有动态更新的变化特征，可以提升人的愉悦度，也可以与人产生精神层面的交流。自古以来，中国人都十分重视在视听环境的营造过程中使“人文精神”的内容得以外化。例如，杭州九溪十八涧景区内，游人伴随潺潺的溪流声和山间步道的穿溪越涧，反复体验水路交融的情景，造就了“曲曲折折路，叮叮咚咚泉”的意境。避暑山庄的万壑松风处古松参天、松涛阵阵，是著名的以风声和松林取胜的景点。西湖的曲院风荷、苏州拙政园的留听阁，都以欣赏荷花及雨打荷叶声为特色。此外，雨打芭蕉的声景营造手段更是屡屡出现在中国古典园林中，江南园林多有“蕉雨轩”“蕉雨书屋”等建筑，古人为欣赏芭蕉的婆娑疏影，聆听雨中的芭蕉声韵，常在书房、卧室的窗前配植芭蕉数株（刘滨谊、陈丹，2009：96—99）。

然而，在国内当代人居环境的规划设计实践与研究中，对视听交互作用的科学认识还处在较为朦胧的状态。虽然视听交互作用在景观营造中不可忽视，但对视听交互作用的研究大多处于主观感受的描述阶段，缺少与当代人居环境科学相适应的定量调查与评价方法。基于视听交互作用的景观感知专项研究成果依然较为单薄，迫切需要对风景视听资源构成的现象、要素、价值、效果等各项内容进行系统化的研究，也需要借鉴国际上关于视听交互研究。

早在1969年，Southworth（1969：49—70）就发现，对视觉刺激的关注降低了视听环境中对声音的感知，反之亦然。因此，图像和声音之间显然有着密切的关系。与单独的声音和图像评价相比，声音和图像的综合评价水平有了很大的变化。物理环境和景观特征共同决定了人们对外部噪音的关注程度（Chau，2010：484—492）。当声音和图像一致时，可以明显增强人们在环境中的审美体验（Carles等，1999：191—200）。低声压级（43dBA）下，陈设较好的庭院声舒适度较高；而高声压级（55dBA）下，陈设较差的庭院声舒适度较高（Gidlof-Gunnarsson & Ohrstrom，2007：115—126）。

近年来，许多研究开始探索特定景观要素对噪声感知的影响。研究发现，宁静空间的构建包括降低噪声的声压级或者在视线范围内增加自然景观要素的比例（Watts & Pheasant，2013：1094—1103）。由此可见，绿地和植被可以有效地调节噪声感知并缓解压力（Gidlof-Gunnarsson等，2007；Van Renterghem & Botteldooren，2016：203—205），而绿色植物在高分贝噪声环境下的调节作用更加显著（Hong & Jeon，2013：2026—2036）。此外，噪声源的可见度可通过视听一致性机制在噪声感知中发挥复杂作用（Sun等，2018：16—24；Van Renterghem，2019：133—144），而一些个人特征（如视听敏感度等），也可能在视听交互过程中影响人们对噪声的感知（Aletta等，2018：1118）。在城市交通中，相比不透明的隔声屏障，当面对透明隔声屏障时人们对于噪声的感知响度更低，人们对噪声环境的评价也更好（Maffei等，2013：41—47）；改善公路和桥梁上隔音屏障与城市家具的视觉设计，比单纯增加隔音屏障高度等普通降噪措施更有利于提高环境使用者对于声环境的评价（Echevarria Sanchez等，2017：98—107）。

随着景观视觉评估方法的成熟和声景研究的深入，国内一些学者也开始将注意力转向视听综合考量下的环境感知偏好研究，即在单纯声环境感受的基础上引导加入视觉体验，探究环境使用者在综合感官下的感知偏好规律（邓金平等，2011：52—54；王亚平等，2015：79—83+101；任欣欣等，2015：361—369；赵警卫等，2017：41—51）。同时，由于国内的环境审美偏好研究和声景研究以设计类学科为主，因此对于场地空间特性与综合感知变化的关系也成为研究者的主要关注点之一，其研究结果对于空间规划设计也具有较为直接的指导意义。研究表明，对空间尺度和界面材质进行设计可以有效提升步行街声景舒适度（于博雅等，2014：8—11），而景观指数与不同声源的感知强度也具有相关性（刘江等，2014：40—43）。在城市边缘区，与城市形态、建筑布局及景观规划有关的空间指标与居民声景感知密切相关（孟琪、康健，2018：94—99）。此外，空间围合度也可以显著影响声景舒适度（谢辉、辛尚，2016：92—97）。

对于景观要素的影响而言，绿色植物无疑可以更好地从视觉层面上降低城市公园与校园环境中的环境噪声，尤其对于高分贝噪声环境的调节更为显著（Zhang 等，2003：1205—1215），这与国外学者得出的结论一致。绿色植物对于声景感知的影响还体现在商业环境中，有研究发现，商业区公共空间中简单实用的构筑物及绿化要素对于声景评价有着更为积极的作用（余磊等，2014：65—67）。除了绿色植物外，城市公园中的建筑物和天空要素也可以有效影响城市居民的声景感知（Liu 等，2014：30—40）。对于乡村生态水体而言，关于自然声的评价随着动物的出现而提高，而关于人工声的评价随着人类活动的出现而提高（Ren & Kang，2015a：171—179），这在一定程度上反映了视听一致性对于环境感知偏好的重要作用。对于乡村景观环境而言，聚落远景、乡村水体、乡村院落、农田景观、乡村道路等景观类型都会带给人们不同的心理感受。与此同时，当这些景观类型与交通声、家畜声、机械声、人语声以及自然声等不同声源相结合时，也会使人们产生不同的审美感受和宁静感受，并带来注视特征的变化，而建筑及人工设施、植物和天空等元素对人们注视特征的影响效果显著（Ren & Kang，2015b：3019—3022）。

二　视听交互下的压力恢复效应

许多研究已表明，以植物为主的自然元素，可以有效减轻声环境带来的烦恼，进而影响到人群的身心健康。Viollon 等人（2002：493—511）发现，交通噪声这类人为声源在绿色环境中更令人愉快或放松，而随着视觉刺激中城市化的程度越来越高，除人为声外，所有的声音都开始变得刺耳，且使人处于精神压力之中。研究者们在庭院中的研究也发现，视听综合环境中自然要素的数量与恢复性感知存在正相关（Cervinka 等，2016：182—187）。庭院质量会显著降低自我报告中噪声带来的烦恼。相比于低质量庭院的拥有者，噪声较少对高质量庭院的拥有者造成烦恼和压力（Gidlof-Gunnarsson 等，2007）。室外的景观和声音，以及室外环境所产生的视听交互作用，往往对室内居住者的身心健康具有重要影响。对于毗邻道路的建筑，当从建筑内部透过窗户向外张望时，面对与体验的是繁忙的道路景观及交通噪声，而室外植被是降低噪声烦恼的重要指标（Van Renterghem & Botteldooren，2016：203—215）。在看不到绿色植被的情况下，有高达 34% 的被调查者处于交通噪声带来的烦恼与压力中；在能看到较大面积的绿色植被时，这一概率降低至 8%。同样，对于居住在高层住宅中的居民，俯瞰城市公园和湿地等大面积绿色景观时，可以有效地减轻噪声烦恼，使身心得以放松（Li 等，2010：4376—4384）。在香港进行的一项研究中，Leung 等人（2017：2399—2407）评估了环境要素组合特征对噪声烦恼及精神压力的影响：从高层建筑内向室外道路眺望时，道路与隔声墙的组合造成高度烦恼（相对于中度烦恼和低度烦恼）的概率为 26%；而将道路隔声屏障替换为绿色植被时，高度烦恼的报告率只有 5%；此外，在没有任何视觉刺激的情况下，交通噪声带来的高度烦恼报告率为 16%。可见，绿色植被有效地降低了噪声烦恼，而人工构筑物则增加了噪声烦恼。除了绿色植被外，水景也有助于减少噪声带来的压力与困扰，虽比绿化的效果稍差，但也具有统计学意义。

上述研究充分证明了视听交互作用的存在，尽管大多数研究是针对城市公共空间进行的，但就森林等自然环境来说，也完全有理由相信视听交互作用对人们感知偏好的影响，在视听综合环境下进行森林公园景观评价研究可以更好地发掘森林游客的环境感知特征。

可以看出，国内外关于视听交互方面的研究已开始逐渐增多。就研究区域和研究对象而言，以城市公园和城市开放空间为主，并开始向乡村环境拓展。这些研究能够为景观设计实践提供有力的理论指导，但从研究广度和深度来说，仍然有待进一步的拓展。

第五节　理论盲点分析

上文针对国内外的三个研究领域，即环境审美偏好研究、声景研究以及视听交互研究进行了较为系统的介绍，但以上三个领域的研究目前仍存在以下问题：

（1）就环境审美偏好而言，基本屏蔽了人体其余感官知觉，如听觉、嗅觉、触觉等对人类环境心理生理的影响。眼睛与耳朵是人类环境感知过程中接受信息最多的感官，且视觉与听觉存在一定的交互作用，因此单纯的视觉评价并不能完全反映人们对实际环境的感受，需要将听觉因素纳入考察范畴。此外，虽然对森林康养功能的宣传已成为发展森林旅游的重要抓手，但对森林公园景观要素与森林旅游者心理负荷之间存在的影响机制仍然缺乏进一步的关注。

（2）就声景理论而言，虽然国内外学者在声环境的主观感知方面进行了积极探索，但在声音对环境使用者生理信号的影响机制、声景评价与旅游者身心健康的关系，以及制定针对不同环境的声景规划设计导则等方面仍有许多工作需要开展。就森林公园声景而言，国内学者主要重在森林公园声景评价指标体系的构建，虽然在一定程度上有益于森林整体声环境的量化管控，但针对森林环境的声景感知研究仍然较为匮乏，因此在总体上对于森林公园声景营造与管理的实际指导意义有限。

（3）视听交互研究的出现在很大程度上弥补了单纯视觉评价和声景感知偏好的缺陷。但从国内外视听交互研究的现状来看，大多数学者还是着眼于城市公共空间，有少量研究涉及城市外围地区和乡村环境，就森林环境而言，仍然缺乏视听交互方面的研究。在中国，城郊型森林旅游已成为各地旅游业中最具活力的经济增长点。森林环境中优越的视听条件使其成为人们亲近自然、放松身心的理想场所，也是构成森林旅游吸引力的重要因素。首衔，通过对森林公园景观进行视听综合条件下的评价和分析，可以为森林公园景观的规划设计提供科学依据，并有助于林业工作者开展满足公众审美需要的经营管理工作。其次，如何利用视觉景观降低噪声感知是目前视听交互研究的主要关注点。但除噪声外，其他声源在视听交互环境中的影响还没有得到足够的重视。再次，大多数研究只是考察某一类环境中（如城市交通、商业空间、窗口景观等）存在的视听交互作用，较少在视听交互机制下比较多种景观类型之间感知偏好的差异。此外，目前的研究仅考察了绿色植物在视听交互机制下的心理恢复效果，但对其他景观要素的影响作用缺乏研究。最后，在视听交互研究的评价手段上，现有成果主要以量表的形式对环境使用者进行问卷调查，而缺乏基于生理学实验数据的感知分析。被试在打分过程中存有一定的主观性，因此，量表得分有时并不一定能反映出环境使用者对于环境的真实感知，而通过可穿戴式传感设备所采集的指标和数据具有更强的客观性，可以对主观评价维度起到良好的替代和补充作用。例如，眼动仪可以通过客观的眼动数据来研判人们的情绪变化，并且可以直观地分析被调查者的注视特征，但在视听交互研究中较少运用。

有鉴于以上三个研究领域各自存在的问题，可以发现：以森林公园景观为研究对象，在视听综合环境中采集被试的主观评价数据和客观生理数据，对森林旅游者的情感状态以及注视特征进行量化分析与评价，不仅是国内森林旅游、森林公园景观评价和视听交互研究的盲点，也是国外视听交互研究亟待探索的前沿领域。故此，依托眼动追踪技术，通过视听交互实验进行的森林公园景观的感知偏好研究成为本书在充分回顾国内外相关领域的研究现状后计划进一步探索的方向。

第三章

森林公园视听资源的量化调查与实验设计

本书以人居环境科学的视角，借鉴环境心理学、认知科学、社会学的调查研究方法和相关理论，对森林环境中视听资源之于人们心理生理的影响效应进行量化分析。同时，借助可穿戴生理传感设备和眼动追踪技术，形成客观评价森林视听资源构成效果的研究理论和设计方法，针对森林视听环境的保护、建设与管理给出指导性依据，从而最大限度地减少资源浪费，实现森林环境视听资源搭配的最优效果。从本章开始，为实证研究部分。本章主要介绍的是森林公园中视听资源的量化调查方法与视听交互实验的实验设计，这些调查方法与实验流程为数据的科学收集与分析奠定了基础，是实证研究不可或缺的组成部分。其主要内容包括：总体思路、研究区的选择与概况、森林公园视听资源的分类思路和分类方法、伴随实地调研同时进行的有关森林游客森林公园声景喜好特征的预调查手段，以及后续实验室研究中对森林公园视听资源的采集、合成、数据处理、实验步骤和数据分析等内容。

第一节　总体思路

总体而言，乡村森林公园感知偏好的调查既涉及定性研究，也涉及定量研究；既要借鉴传统的问卷采集数据的方法，也要利用新技术、新设备、认知科学新理论来分析森林旅游者对于乡村森林公园的视听感知特征。本书所涉及的研究方法主要包括以下几类：

田野调查法。前期的基础数据收集是后期评价研究顺利开展的前提，本书中所涉及的数据资料获取也有赖于多次的实地走访与田野调查。在最初的实地调研中，结合文献资料和专家建议，主要进行森林公园景观分类和声源种类的划分。在对森林旅游者的森林公园声景喜好特征进行分析后，再次通过深入的实地调研采集后续实验室研究中所需要的基础研究材料，包括森林图像和森林中的声信号。

问卷调查法。主要通过问卷调查的手段采集与分析森林旅游者的森林公园声景喜好特征。对森林游客的森林声源喜好特征采用里克特量表（Likert Scale）进行调查；对森林游客的森林声环境喜好特征采用语义差异量表（Semantic Differential Scale）进行调查。在此基础上，对森林中的声源进行聚类分析，并以此为依据进行各类森林中常见声信号的采集，用于后续的实验室研究中。

眼动实验法。在以往的环境感知偏好研究中，虽然可以将景观指标与人类感知建立起相应的评价模型，但无法考察人类究竟在关注哪些景观要素，而眼动仪的诞生可以通过捕捉人类的眼球活动而直观地反映人类对景观要素的偏好特征。此外，通过对眼动指标的分析还可以反映人类生理和心理的变化，故眼动研究被认为是视觉信息加工研究中最为有效的手段。在本书中，采用 Tobii glasses 2 眼镜式眼动仪进行眼动注视数据的采集，注视频率、注视平均时长、扫视频率、平均瞳孔直径 4 个眼动指标为重点考察对象。

比较研究法。比较研究法就是对物与物或人与人之间的相似性或相异程度进行研究与判断的方法，对两个或两个以上有联系的事物进行考察，寻找其异同，探求不同事物的共同规律以及相同事物的不同方面。以数据为基础，通过对比组的分析研究得出科学结论，是常用的实证研究方法。在乡村森林公园感知偏好的调查中，采用比较研究法，探索森林旅游者在不同声信号影响下感知偏好的差异；分析森林旅游者在面对不同类型森林公园景观时感知偏好的差异；比较森林旅游者在纯视觉条件下和视听综合条件下注视行为的差异；考察森林旅游者在不同声信号影响下对各类森林公园景观要素的关注差异。

统计分析法。统计分析法是感知偏好研究中常用的方法。在乡村森林公园感知偏好调查中，主要采用聚类分析、因子分析、单因素方差分析、相关分析、多元线性回归、主成分分析等数据统计方法对森林旅游者的森林公园声景喜好特征、不同视听条件下的主观评价及注视特征进行分析，进而对评价维度之间的相关性进行分析，并构建相关评价模型。

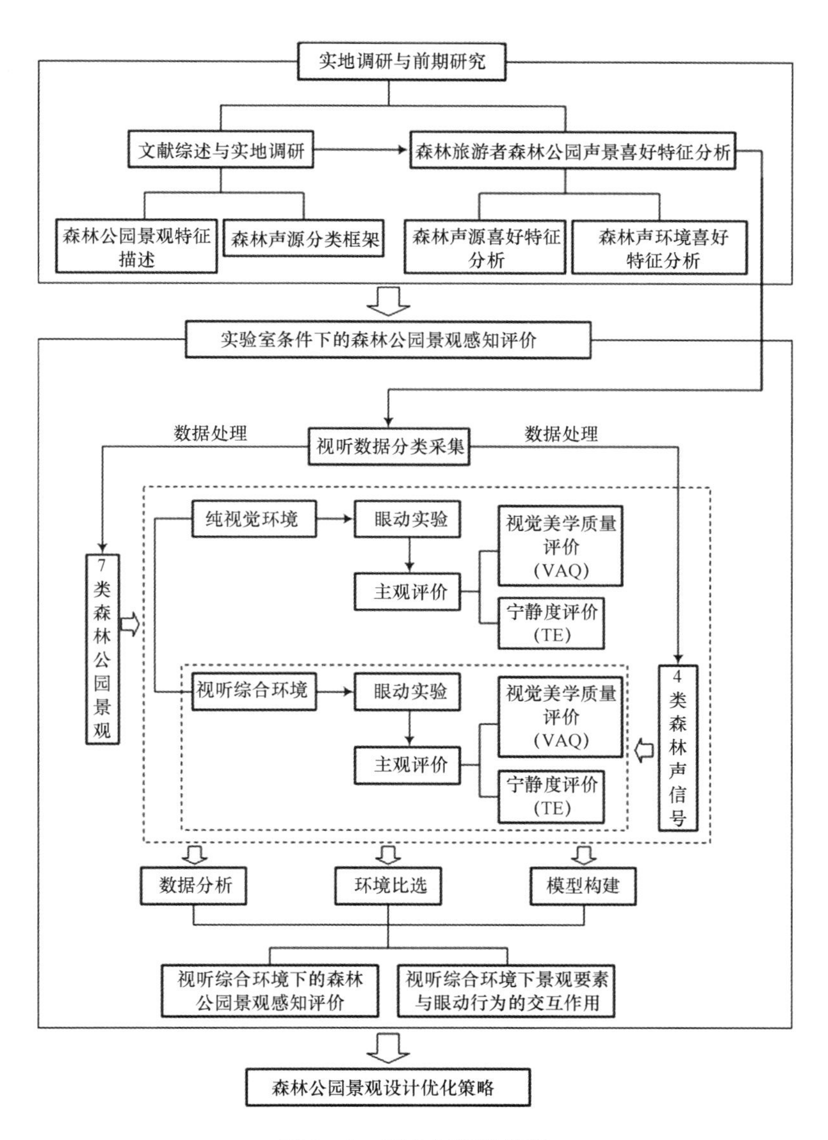

图3－1　调查与实验流程

在调查与实验流程上，遵循由文献梳理、实地调研、前期评价到实验室研究的由定性到定量的研究逻辑。首先通过文献回顾、专家咨询和实地调研确定森林公园景观类型与森林声源分类框架。之后通过问卷调查法对森林旅游者的森林公园声景喜好特征进行初步考察，在此过程中，根据森林旅游者的喜好特征对森林声源进行进一步的聚类分析，并根据聚类分析结果收集具有代表性的森林公园视听数据。最后，将收集到的视听数据用于实验室研究中，通过对照实验挖掘被试在森林公园景观感知偏好中的视听交互作用（图 3 –1）。

第二节　研究区选择与概况

我国东南沿海地区，地形以低山和丘陵为主，河流、湖泊众多，水资源充沛，主要气候为亚热带季风气候，气温较高，雨量充沛，气候湿润，植物生长茂盛，有丰富的森林资源。其中福建省森林覆盖率为 65. 95%，居全国首位，浙江省森林覆盖率达 61. 5%，居全国第四。东南沿海地区经济发达，人口密集，森林公园数量众多，城市居民对森林旅游的需求量也很大。本研究主要选取浙闽地区的 6 处森林公园或森林风景区进行实地调研考察，并将其作为实验素材的采集样地，这 6 处调研考察对象分别是位于浙江临安的青山湖国家森林公园、位于浙江杭州的西山国家森林公园、位于浙江桐庐的瑶琳国家森林公园、位于浙江桐庐的大奇山国家森林公园、位于浙江临安的指南山森林风景区以及福州乐峰赤壁森林生态风景区（表 3 –1）。其中，桐庐瑶琳国家森林公园、大奇山国家森林公园和福州乐峰赤壁森林生态风景区以山地和峡谷景观为主，反映了浙闽地区典型的自然地貌类型；青山湖国家森林公园以森林湖泊和草甸空间为主，而指南山森林风景区是森林聚落景观的典型代表；此外，西山国家森林公园占地广袤，囊括了各种类型的森林景观，是研究森林公园景观的理想样本。

表 3-1　　研究区概况

序号	名称	概况
1	青山湖国家森林公园	青山湖国家森林公园位于浙江省临安市境内，面积 64.5 平方千米。东临杭州西湖仅 40 千米，南接千岛湖，西达天目山、黄山，并紧临莫干山，位于我国东南地区风景旅游网络之中。青山湖又名“金鲜湖”“会锦潭”。青山湖为大型人造湖，建于 1964 年，水域 10 平方千米。湖四面环山，湖北有彭祖墓遗址，湖南有千狮桥飞虹贯日。环湖山峦绵延，茂林修竹，花草果木，四时景色变幻无穷。湖面一碧如镜，有白鹭翩翩，鱼翔清波。北湖更有上千亩国内罕见的水上森林，于 20 世纪 60 年代从南美亚马孙引进的池杉，池衫枝叶繁茂，春夏两季叶色青翠，秋冬两季逐渐转为暗红色，不同季节形成不同的景观效果。青山湖国家森林公园具有以下三大特点：一是依托青山湖而形成的秀美环境，青山绿水，这是自然之风情；二是以彭祖为主线的养生文化氛围，这是健身养心之风情；三是景区内的古建筑体现了江浙一带明清时期的古风民情。 青山湖国家森林公园内包含青山湖、西径山、玲珑山、九仙山、宝塔山、钱王陵公园等主要景点，并涵盖了临安市政府所在地锦城镇，园内有 240 余种野生动物，植物更是丰富，有远古孑遗裸子植物银杏，国家一级保护植物夏蜡梅等。
2	杭州西山国家森林公园	杭州西山国家森林公园位于浙江省杭州市西湖区中西部，在钱塘江左岸，森林公园面积为 1381 公顷，由龙坞、大清谷、灵山三个片区组成。公园内森林覆盖率达 93.4%，负氧离子平均可达 7000/cm^3，是天然的森林氧吧，素有“杭州绿肺”之称。植物景观资源丰富，森林层次纹理富有变化，季相变化明显。良好的生态环境与茂密的自然植被给野生动物提供了庇护，公园内有兽类 80 余种，鸟类 150 余种，爬行类 20 余种。公园内山丘、瀑布、溶洞等地貌景观丰富，地形地貌宜游性极佳，山脊脉络清晰，丘岗平缓青翠，山谷幽深宁静，彰显了江浙丘陵地区的钟灵毓秀。 除了自然资源丰富，西山森林公园内的历史人文古迹也十分众多，苏轼、朱熹等众多名人留下了众多诗词歌赋和摩崖石刻，清代红顶商人胡雪岩的墓地也在境内，南宋的皇帝赵构登上小和山后留下了“西溪且留下”的感叹。此外，龙坞是西湖龙井的发源地和主产地之一，灵山是红茶“九曲红梅”的主产地，小和山上的江南名刹金莲寺，在历史上和灵隐寺、法华寺并称江南三大名寺。

续表

序号	名称	概况
3	桐庐瑶琳国家森林公园	桐庐瑶琳国家森林公园位于浙江省杭州市桐庐县瑶琳镇，属亚热带季风气候区。森林公园总面积949公顷，最高峰为天峒山，海拔640米。公园内森林植被丰富，以中亚热带常绿阔叶林带为主，森林覆盖率达95%，植被以中亚热带常绿阔叶林为主，植物品种众多，包括马尾松、杉木、山核桃、油茶、板栗、黄山松、短柄木包、化香、南方红豆杉、银杏、黄连木、薰衣草等，其中有杜仲、金钱松、浙江楠等13种树种已列为国家保护珍贵树种。森林公园内有动物近百种，其中有云豹、穿山甲、苏门羚等珍贵动物20余种。此外，境内溶洞、石林等地形地貌景观资源丰富，是一个以山水、密林、溶洞为特色的生态型森林公园
4	大奇山国家森林公园	大奇山国家森林公园位于浙江省杭州市桐庐县，占地约40平方千米，是一所综合性森林公园。大奇山又称“塞基山”，史称“江南第一名山”，植物与野生动物资源丰富，有木本植物和灌木近千种，野生动物130余种。公园内既有茂林修竹又有平畴沃野，集江南山水与草原风光于一体
5	指南山森林风景区	指南山位于临安市西北，东天目山北麓，太湖源头南苕溪之滨。森林资源丰富，最具特色的是山中的古村落——指南村，该村处于森林环抱之中，被数百颗千年古木围绕，有银杏、红枫、铁木、马尾松、金钱松、向叶杨等20余种，是森林聚落景观的典型代表
6	福州乐峰赤壁森林生态风景区	乐峰赤壁生态风景区位于福州市西的永泰县境内，占地约23平方千米。景区内山峦起伏，怪石嶙峋，峡谷众多，溪涧纵横，有瀑布、丛林、草地、高山斗湖等多种风景。植被资源丰富，保护完好，受到的人工干扰较少，展示着大自然原始的旖旎风光。海拔300米以下，主要是溪流沟谷地貌，两岸峭壁耸立，温湿度大，主要发育了以鹅掌柴为主的阔叶林群落。海拔500—800米之间，主要仍为米槠林群落，但群落高度较低，群落层次趋于简单。海拔800—1000米，主要出现三种群落。一为甜槠林群落；二为马尾松林群落，较稀疏，草本层较丰富；三为草甸群落，建群种主要有两种：一种为纤毛鸭嘴草和苔草，另一种为金茅、野古草、芒等。在区域内另外还分布着一些人工林，如柳杉林、毛竹林、棕榈林等

第三节　森林公园景观的考察与特征描述

在环境感知偏好研究中，首先需要依据景观特征和属性对景观进行解构。这种解构方式有别于景观的生态分类思想，更多是基于景观的功能形态。纵观以往的研究成果，研究者多采用两种方式对景观特征进行描述：一是基于空间特征对景观进行分类描述，二是基于景观内各组成要素对景观进行分解描述。

一　基于空间特征的森林公园景观分类

基于空间特征的景观分类描述，强调景观类型在主观感知中的主导作用，并重在考察环境使用者面对不同景观类型时的感知偏好差异。先前的研究表明，人们倾向于选择具有瞭望和庇护功能的景观（Appleton，1975）；开阔的公园式森林公园景观比林木密集和结构复杂的林分更受欢迎（Ribe，1989：55—74）。陈有民（1982：17—20）曾将中国的风景名胜划分为高山、中山、低山、丘陵、草原、湖泊、峡谷、瀑布等30种类型之多，虽然这种分类方式有对地理因素的考量，但更多体现的是风景鲜明的视觉感知和空间构成特征。有研究表明，不同的景观类型（如城市景观、城市绿地、农业景观和森林公园景观）对公众的审美偏好的影响具有显著差异（Chen等，2018：183—189）。Kalivoda等人（2014：36—44）在考察审美偏好中的共识因素时，将布拉格城郊保护区的景观分为开放景观和乡村聚居点景观两个大类，并根据景观的形式特色又将开放景观细分为6个小类，包括：具有文化历史地标的景观、具有自然地标的景观、以聚落为地标的景观，以及森林公园景观等；乡村聚居点景观也被细分为6个小类，包括：具有农业特征的乡村聚居点、具有郊区特征的乡村聚居点，以及具有城市特征的乡村聚居点等（图3－2）。研究也发现，被调查者对不同的景观类型具有不同的审美偏好。在乡村景观的研究中（任欣欣，2016），有学者依据功能形态的分类思想，以景观区、景观类、景观亚类和景观单元四级分类体系对于乡村景观进行分类描述，并在景观亚类层面将乡村景观分为聚落远景、农田景观、水域景观、街道景观和院落景观五类（表3－2）。

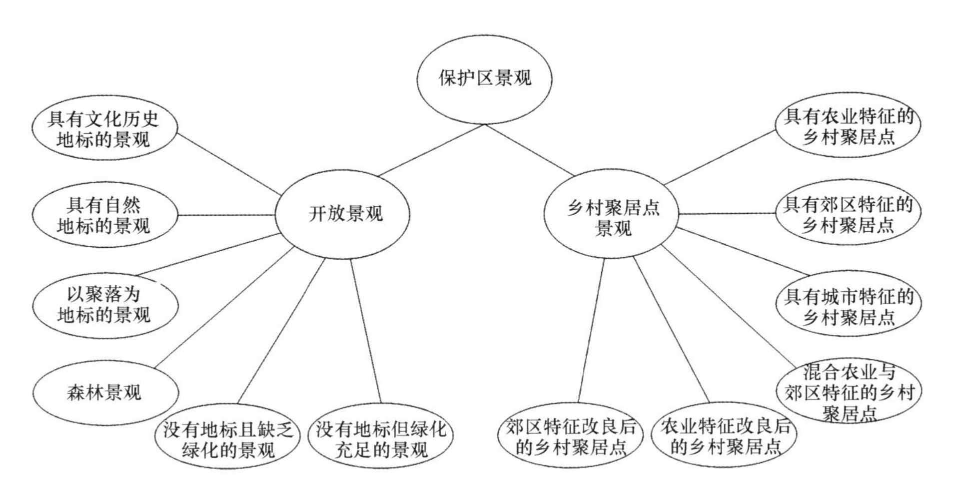

图 3-2　城郊景观分类描述

表 3-2　　基于景观类型的乡村景观特征描述

乡村景观级别	确定依据	主要研究内容
景观区	地理区域	
景观类	人为干扰程度	
景观亚类	乡村景观特征	聚落远景——占有一定地表空间，远景视野下聚落内部形态、外部形态及其相互作用的聚落综合体带给人的具体感受和意象
		农田景观——以农作物覆盖为主的景观形态，属于具有人为干扰的半自然景观
		水域景观——有自然驳岸或堤坝的水域环境、属于自然或半自然景观
		街道景观——包括乡村主干路、街巷以及广场空间，是人为干扰程度较高的人工景观
		院落景观——包括建筑与庭院空间的人工景观
景观单元	景观要素构成	植被、水体、地面、天空、山体、建筑与人工服务设施、人、机动车辆

此外，还有研究参照景观格局和景观指数的相关理论，对景观的空间特征进行了定量化的描述，比如使用斑块大小（Patch Size，PS）、斑块

密度（Patch Density，PD）、香农多样性指数（Shannon Diversity Index，SDI）、景观破碎度、空间开阔度等指标来描述某个特定场地中的景观空间特征。但在本书中不拟采用这种方式对景观空间特征进行分析。首先，这类基于平面分析的景观指标可以描述景观空间的宏观特征，但无法代表身临其中的参观者的真实观感；其次，景观指数为连续变量，因此无法根据这些指标确定景观类型间的差异阈值，也就是说无法确定不同景观类型间的差异是否从量变走向了质变；最后，基于遥感数据进行景观空间分析，精度有所限制，无法准确描述地表植物的遮挡情况，不适宜作为环境感知偏好研究的刺激指标。

综上所述，本书对森林公园景观的分类主要采用更为直接有效的方法，即参考先前研究中从功能形式角度出发对景观的分类方式，通过实地调研和专家咨询，基于景观视觉结构、空间特征和人工化程度三个方面的考量，将森林公园景观分为森林草甸、森林道路、森林聚落、森林湖泊、山顶景观、林下景观和森林峡谷 7 个景观类型。这些景观类型本身便具有各自独特的功能形态特点（表3－3）。在第五章中，将基于此分类探讨森林公园景观类型与声信号类型对森林旅游者感知偏好的综合影响。

表3－3　　基于景观类型的森林公园景观特征描述

景观类型	景观特征描述	图片示例
森林草甸	森林草甸是森林中相对开放的景观空间，但森林草甸不同于城市中被高层建筑包围的城市开放空间，主要是由四周的高大树丛所围合	
森林道路	森林道路是连接各景区的交通网络，是森林中人工化程度较高的景观类型。虽然森林道路相对城市中的道路显然更加自然，但在视觉上硬质铺装所占的比例仍然非常高	

续表

景观类型	景观特征描述	图片示例
森林湖泊	森林湖泊与森林草甸一样，具有良好的视野和空间开阔度，但其主要景观特征是大面积平静的水面	
森林聚落	森林聚落是森林中人工化程度最高的景观类型，具有较大规模的建筑群。然而，与城郊平原地区的村落相比，森林聚落周围往往林木繁盛，群山起伏。本研究对森林聚落的观测和拍摄视角是基于全局的俯瞰而非身临其中	
山顶景观	山顶景观有着最广阔的视野，可以一览起伏的群山和蔓延的林木。登顶后的“一览众山小”是许多游客在森林公园中跋涉的主要目的，也是许多森林公园中景点布置和观景线设置的重要环节	
林下景观	与山顶景观相比，林下景观是森林中郁闭度最高的景观空间，也是最具原始气息的游览空间。需要说明的是，本书中研究的林下景观是指林地内部空间较封闭、郁闭度较高的林下空间，不包括林缘带半开敞的林下空间	
森林峡谷	森林峡谷与森林道路一样，是森林中最具有视觉导向性的景观类型。然而，森林道路主要是由硬质铺装来引导视线，而森林峡谷中的视觉导向性是通过两侧地形的凸起而产生具有纵深感的视觉通廊形成的	

二　森林公园景观的组成要素

除了基于空间特征对景观进行分类描述之外，大量的环境感知偏好研究通过将景观整体分解为不同的组成要素，来加以理解与把握景观。Shafer 和 Brush（1977：237—256）最早对景观组成进行视觉分类，将景观图片中的景观要素分为前景植被、中景植被、远景植被、水体和远景非植被区域，并建立了视觉画面的构成要素如前、中、近景与评价者审美偏好的关系。Jon 等人的研究成果，在 Shafer 和 Brush 建立的模型基础上，还加入带有资源评价性质的 Smyser 环境影响表格，希望通过其他非画面的审美要素来平衡个人视觉审美和客观对象的差异（乐志等，2017：113—118）。此后，大量的研究在识别景观构成要素的基础上，通过心理物理学方法建立景观中构成要素与人类视听感知方面的影响模型。如上节所述，有学者依据功能形态的分类思想，以景观区、景观类、景观亚类和景观单元四级分类体系对于乡村景观进行分类描述，其中在景观单元层级，便以植被、水体、地面、天空、山体、建筑与人工服务设施、人、机动车辆等具体的要素来描述景观构成特征（表 3 -2）。在关于中国东南部农村居住区域绿化景观的研究中，以植被、水源、地形、野趣、色彩、人造物 6 个属性对景观进行描述，并分析了这些景观属性与环境使用者审美偏好之间的关系（Yao 等，2012：951—967）。对城市绿色空间中声景观心理恢复效应的研究中，植被、水体、建筑、地形等景观构成要素被视为构成视听交互作用的重点考察指标（Zhao 等，2018：169—177）。同样是针对城市绿色空间的心理恢复效应研究中，植被数量、草花、动物和水体等景观元素的不同组合被证明对于环境使用者心理恢复效果的影响具有显著差异（Wang 等，2019：6—13）。

在本研究中，通过参考先前的研究与实地调研的结果，结合森林公园景观要素的构成特征，将森林公园景观的构成单元分为前景木本植物、中景木本植物、远景木本植物、草本植物、人工建筑物与构筑物、水体、天空、岩石、道路和人类等 10 个景观要素（表 3 -4），并考察森林公园景观要素与森林旅游者感知偏好之间的关系。根据 Shafer 和 Brush（1977：237—256）的定义：在景观图片中，前景木本植物的树叶和树皮都清晰可见且容易区分；中景木本植物形状鲜明，边界清晰，但枝叶的质地等细节较为模糊；远景木本植物由于距离很远，因此形状和质地都已无法区分；水体则包括湖泊、溪流和池塘等形式。此外，人工建筑物与构筑物是指具有生产、居住功能的建筑物，以及路灯、栏杆、雕塑、亭台楼阁等景观小品；道路则包括所有形式的公路、游步道和小径。在第六章中，将基于森林公园景观构成要素的描述探讨视听综合环境下森林公园景观要素与森林旅游者感知偏好的交互作用。

表3－4　　森林公园景观构成要素

	要素名称	备注（要素界定）
森林公园景观要素构成	前景木本植物	前景木本植物的树叶和树皮都清晰可见且容易区分
	中景木本植物	中景木本植物形状鲜明，边界清晰，但枝叶的质地等细节较为模糊
	远景木本植物	远景木本植物由于距离很远，因此形状和质地都已无法区分
	草本植物	
	人工建筑物与构筑物	具有生产、居住功能的建筑物，以及路灯、栏杆、雕塑、亭台楼阁等景观小品
	水体	包括湖泊、溪流和池塘等
	天空	
	岩石	
	道路	包括所有形式的公路、游步道和小径
	人类	

第四节　森林声源的考察与分类

对环境声源进行分类是研究环境声景感知的基础，在 Brown 等人（2011：387—392）提出的声环境分类体系中，将所有声环境分为室内声环境和室外声环境，其中室外声环境由城市声环境、乡村声环境、野外声环境和水下声环境组成。在此基础上，将城市声环境进行了细分，主要包括“由人类活动和设备产生的声音”和“非人类活动产生的声音”两个大类。

“由人类活动和设备产生的声音”由机械运输声、人类活动声、电子/机械声、说话/乐器声、社会的/交流声以及其他人类声6个类别构成，在“非人类活动产生的声音”中则包含着自然声和家养动物声两个类别。

本研究参考以上关于城市公共空间的声源分类体系，结合在浙闽地区6处森林公园中的实际调研，通过声景漫步的方式，记录了调研过程中森林环境中出现过的前景声、背景声和信号声，构建了森林声源的分类框架（图3－3）。在该框架中，将森林声源分为人为声和非人为声两个大类以及人语/音乐声、信号声、交通声、家养动物声、自然声5个中类，其中交通声又可细分为机动车声和非机动车声，自然声又可细分为地球物理声和野生生物声。在5个中类下又涵盖了26种具体声源。具体来说，在人语/音乐声中，包括游客嘈杂声、儿童嬉闹声、歌唱声、叫卖声和轻音乐等声源，这些声源均可以产生放大和不放大两种效果。在信号声中，主要包括广播声、寺庙钟声和警报声三种声源。在交通声中，包括汽车声、摩托车声、拖拉机声和自行车声。在家养动物声中，主要包括鸡鸣、狗吠和一些有蹄类家畜声。自然声是森林环境中的主导声源，出现频率最高，声源种类也最多。在自然声中，主要包括鸟语、虫鸣、蛙鸣、流水声、滴水声、瀑布声、微风吹树叶、细雨打树叶、狂风、暴雨、雷电等声源。

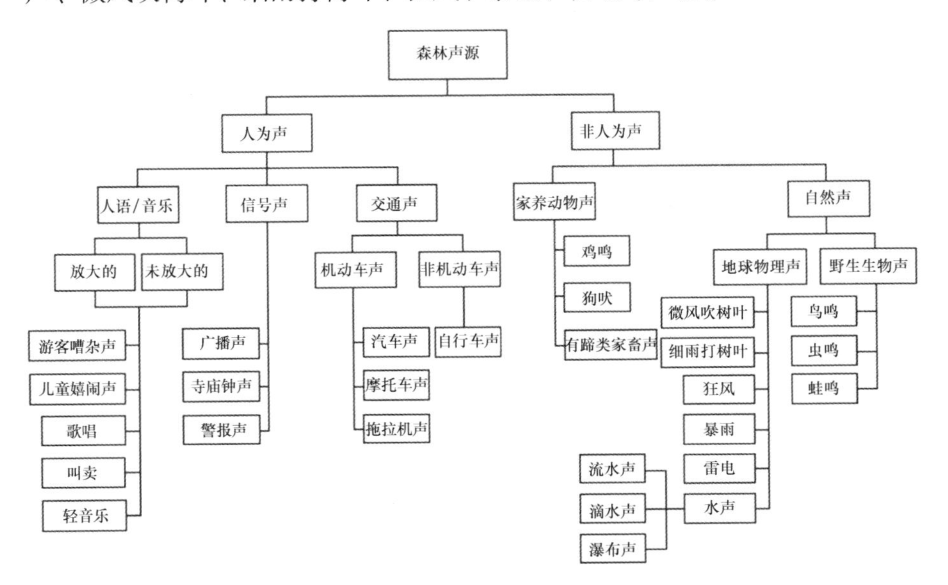

图3－3　森林声源分类框架

第五节 森林公园声景喜好调查的问卷设计与分析方法

基于以上的森林声源分类框架，对森林旅游者的声景喜好特征展开调查与分析。调查内容主要分为森林声源喜好特征的调查与森林声环境特征的喜好调查。在森林声源喜好调查中，主要通过 Likert 量表考察森林旅游者对 26 种森林声源的期待特征，并对调查结果使用系统聚类法进行分析。在森林声环境喜好调查中，主要采用语义差异量表和因子分析法分析森林旅游者对森林整体声环境的期待特征。

一 里克特量表与聚类分析

在问卷调查中，常用量表包括里克特量表（Likert Scale）、古特曼量表（Guttman Scale）、语义差异量表（Semantic Differential Scale）以及社会关系量表等，用以量化人们的态度、看法、意见和性格等主观感受。与其他同样长度的量表相比较，里克特量表具有更高的信度，通常情况下的应用范围更广，可测量呈现多维度的、复杂的概念或态度。本书在研究森林旅游者对森林声源喜好特征时，选择更为简洁且信度较高的里克特量表作为评价工具，通过里克特量表让被调查者根据自身的主观喜好对森林中的 26 种声源进行打分。基于理论基础及以往研究经验，采用 7 及尺度进行度量，分值为 -3 分至 3 分，分别代表“非常不喜欢”“不喜欢”“比较不喜欢”“一般”“比较喜欢”“喜欢”“非常喜欢”（附录一）。

对于调查结果，首先分析各类声源的评价均值和各声源在主观评价中的构成比例，其次根据评价结果，用平均欧式距离和组间连接方法对 26 种常见森林声源进行系统聚类，对 26 种森林声源依据森林游客的喜好度进行分类归纳。对声源加以聚类分析对后续的实验室研究具有重要的意义，因为在后续的实验室研究中，需要采集森林中的声信号与森林公园景观图像进行合成，形成视听刺激素材。但在实验中也不可能采用所有的声信号进行对照实验，这无疑缺乏可操作性。因此森林声源的聚类分析结果用于指导二次调研中声信号的分类采集。在声信号采集中，只需根据各声源在主观评价中的构成比例和声源聚类分析结果采集各类别中出现最频繁和最具代表性的森林声信号。

二　语义差异量表与因子分析

相对于里克特量表而言，语义差异量表更适用于对环境整体效果的评价，因此选择语义细分法研究森林旅游者对森林声环境的感知特征。语义细分法是 Osgood 等人（1957）开发的评价手段，最初是通过设置若干组具有相反意义的形容词考察不同社会背景人群的情感差异，现已经扩展到各种研究领域中，并成为声品质以及声感知研究中使用最为广泛的主观评价方法。本研究在参考以往学者对城市、乡村声环境研究的基础上（张玫、康健，2006：523—532；任欣欣，2016；李竹颖、林琳，2015：285—288），结合森林公园景观的实际情况，从声景的物理属性、个人属性和社会属性三个方面初选了 32 组具有两极意义的词语作为语义尺度（表 3－5）。之后通过声景漫步的方式，让 36 名大学生对浙江青山湖国家森林公园的声景状况进行仔细聆听与评价，发现初选的 32 对指标中，有一些由于理解困难极少被选择，因此最终留下 20 组指标，作为正式的调查指标（见表 3－5 中粗体字部分）。将筛选后的 20 对语义评价指标分别置于评价尺度的两端，评价尺度为 7 个等级，让被调查者选择希望在森林公园景观环境中感受到什么样的声环境并对其进行赋值，从而形成中国旅游者对于森林声环境的喜好描述（附录二）。另外，通过因子分析，提取影响森林声环境感知的主要因子，分析森林旅游者对于森林声环境的喜好特征。

表 3－5　　森林声环境喜好调查表（其中粗体字是经初步研究后筛选保留的指标）

问卷说明：请根据以下形容词，选择您希望在森林公园景观环境中感受到什么样的声环境

声景属性		评价尺度							
		非常	很	比较	中立	比较	很	非常	
物理属性	无方向	－3	－2	－1	0	1	2	3	有方向
	沉寂	－3	－2	－1	0	1	2	3	有回声
	近	－3	－2	－1	0	1	2	3	远
	慢	－3	－2	－1	0	1	2	3	快
	刺耳	－3	－2	－1	0	1	2	3	柔和
	软	－3	－2	－1	0	1	2	3	硬

续表

问卷说明：请根据以下形容词，选择您希望在森林公园景观环境中感受到什么样的声环境									
声景属性		评价尺度							
		非常	很	比较	中立	比较	很	非常	
	不纯	-3	-2	-1	0	1	2	3	纯
	沉重	-3	-2	-1	0	1	2	3	轻快
	不稳定	-3	-2	-1	0	1	2	3	稳定
	音调低	-3	-2	-1	0	1	2	3	音调高
	平滑	-3	-2	-1	0	1	2	3	粗糙
	无力	-3	-2	-1	0	1	2	3	有力
	简单	-3	-2	-1	0	1	2	3	变化
个人属性	陌生	-3	-2	-1	0	1	2	3	熟悉
	紧张	-3	-2	-1	0	1	2	3	平静
	不舒适	-3	-2	-1	0	1	2	3	舒适
	嘈杂	-3	-2	-1	0	1	2	3	安静
	忧伤	-3	-2	-1	0	1	2	3	喜悦
	不愉悦	-3	-2	-1	0	1	2	3	愉悦
	不喜欢	-3	-2	-1	0	1	2	3	虚幻
	枯燥	-3	-2	-1	0	1	2	3	有趣
	丑陋	-3	-2	-1	0	1	2	3	美丽
	寒冷	-3	-2	-1	0	1	2	3	温暖
社会属性	无意义	-3	-2	-1	0	1	2	3	有意义
	人工	-3	-2	-1	0	1	2	3	自然
	不安全	-3	-2	-1	0	1	2	3	安全
	不友好	-3	-2	-1	0	1	2	3	友好
	不协调	-3	-2	-1	0	1	2	3	协调
	封闭	-3	-2	-1	0	1	2	3	开放
	非社交	-3	-2	-1	0	1	2	3	社交
	无特征	-3	-2	-1	0	1	2	3	有特征
	灰暗	-3	-2	-1	0	1	2	3	明亮

三　样本量确定与信效度检验

（一）样本量的确定与样本信息

在森林旅游者的森林公园声景喜好调查中，以具有丰富森林旅游经历的城市青年人群作为调查对象。选择该人群主要有两个原因：（1）这一年龄段的青年逐渐在家庭中具有话语权，他们的行为与偏好对家庭旅行计划有着较为重要的影响（孙漪南等，2016：104—112）；（2）我国森林公园多数都有山峦或丘陵，因此在开展森林旅游活动时对体力要求较高。青年人精力旺盛，出游能力和对新生事物的接受能力较强，是森林旅游的主体人群（杨建明等，2015：106—116）。

在样本容量的确定方面，一般来说，样本容量大则代表性好，但缺点是随机误差会随着样本量的增大而增大。与之相反，样本容量太小会导致调查结果的误差增大，使调查的可信度下降。因此，以最少的投入获得最佳效果，合理确定样本量是问卷调查需要解决的一大问题，也是保证研究可靠性的基础。影响样本容量的主要因素包括总体规模与其内部的异质性、调查精度，以及进一步的统计分析要求等。内部异质性是指总体中个体之间的差异，如果调查总体人群异质性低，样本容量可相对减少，如果调查总体人群异质性高，样本容量需要增加。对调查精度的要求在统计学中称之为置信水平（level of confidence），置信水平为95%，即对结果的把握达到95%，错误概率为5%。在统计学经验中，通常大样本是指样本容量需达到30人以上，可以应用样本容量公式进行计算。而在调查中，除了需要推断总体样本容量的平均水平，还要保证每个群体所对应的子样本具有一定个体数量，以达到统计分析需要。国外学者对于样本容量的研究指出，作为社会调查，样本容量应在100人以上，每个小类样本容量不得小于10人；单位主组的样本容量应至少达到100人，单位次组的容量至少应有20—50人；一般情况下，正式调查需要达到中型社会调查的样本规模，样本容量应确定在200—1000人之间。《SPSS统计应用实务》综合几位国外学者的观点认为，进行与以往类似的研究时，可选取经验样本容量，即依据前期研究者的样本数进行取样（任欣欣，2016）。

本研究对样本量的确定采取了经验容量的方法，在明确研究目的的基础上不局限于"绝对数量"，力求选取有代表性的容量较小的样本。在森林旅游者声景喜好特征的调查研究中，由于调查人群以青年人为主，大多为学生，异质性较低，因此可参照社会调查的经验样本容量（100 人以上）确定（袁方，1997）。最终，本研究分别发放森林声源喜好问卷 300 份、森林声环境喜好问卷 230 份，剔除无效问卷后实际所得有效问卷分别为 263、220 份，满足样本容量标准及统计分析需求（表 3－6、表 3－7）。

表 3－6　　森林声源喜好调查样本信息

人口统计学特征	类别	比例
性别	男	42%
	女	58%
年龄（岁）	18—25	41%
	26—30	37%
	31—40	22%
教育程度	大学及以上	69%
	其他	31%

表 3－7　　森林声环境喜好调查样本信息

人口统计学特征	类别	比例
性别	男	44%
	女	56%
年龄（岁）	18—25	46%
	26—30	33%
	31—40	21%
教育程度	大学及以上	72%
	其他	28%

（二）信效度检验

在信效度检验方面，首先采用克朗巴哈系数（Cronbach's α）对森林声源喜好和声环境喜好两份问卷进行信度检验。计算得出两份调查的克朗巴哈系数（Cronbach's α）分别为0.885和0.860，表明两个量表信度"甚佳"（吴明隆，2010），调查结果可信、可靠。

关于量表的结构效度，采用因子分析方法进行检验（吴明隆，2010）。将两份问卷的调查结果输入"统计产品与服务解决方案"（Statistical Product and Service Solutions，简称SPSS）中进行探索性因子分析，计算可得，在声源喜好问卷中，对26种森林声源喜好度调查的KMO检验（Kaiser - Meyer - Olkin）结果为0.852，达到"良好"水平，对应的Bartlett's球形检验显著性水平为 $p = 0.000 < 0.01$；在声环境喜好问卷中，对20组语义评价指标调查的KMO检验结果为0.877，达到"良好"水平，对应的Bartlett's球形检验显著性水平为 $p = 0.000 < 0.01$。这说明两份问卷的变量适合做因子分析，通过效度检验。

第六节　基于眼动实验的实验室研究

迎合森林旅游者的感知需求，满足森林旅游者在游憩过程中关于森林视听资源的审美共性体验使进行森林环境建设、改善和优化的基础。在以往的大多数景观视觉感知偏好研究或声景感知研究中，只分别关注视觉与听觉的单一作用，忽略了现实环境中视觉与听觉环境在人类生理心理方面产生的交互作用。本书中的实验研究便在广泛调查的基础上，通过引入眼动仪，针对森林环境中视听资源产生的视听交互作用进行重点探讨，旨在发掘分析森林公园景观类型与声信号类型对旅游者眼动指标和主观评价指标的综合影响，以及森林视听要素对旅游者眼动注视和景观评价的交互作用。在验证视听交互关系，并借助环境心理学相关理论分析视听交互机制的同时，总结森林旅游感知体验中森林视听要素的配合规律。本研究的眼动实验结合环境心理学、视觉感知偏好和声景感知偏好的实验方法、理论与经验，经过严格设计及多次预实验与调整，因而具备合格的生态效度。实验结果通过信效度检验，具备可信性与有效性，满足进一步分析要求，为研究结果的应用奠定了基础。

一　拟解决的科学问题

在实验室研究中，本研究拟解决的科学问题主要包含具有递进关系的两大内容，第一部分的内容致力于探讨森林公园景观类型与声信号类型对旅游者感知偏好的综合影响（具体研究结果和讨论对应于本书的第五章），第二部分的内容重在进一步探索视听综合环境下具体森林公园景观要素与旅游者感知偏好的交互作用（具体研究结果和讨论对应于本书的第六章）。

关于森林公园景观与声信号类型对旅游者感知偏好的综合影响，又由三个具体的问题所组成，实验设计的思路也重在解决这三个科学问题，分别是：

（1）在视听综合环境中，不同的声信号对森林旅游者的主观评价、眼动行为和心理恢复有何影响？

（2）在视听综合环境中，森林旅游者对各类森林公园景观类型的感知偏好有何差异？森林公园景观对被试的心理恢复作用有何差异？

（3）一些研究讨论了主观评价维度与客观眼动指标之间的相关性，但结果并不一致（王明，2011；曾祥焱，2017；邵华，2018）。考虑到这些研究都缺乏听觉因素的考量，因此在视听综合条件下，眼动指标与主观评价维度之间是否存在相关性尚不明确。因此，本研究的第三个问题是：当被试在视听综合环境中欣赏森林公园景观时，眼动跟踪指标与主观评价维度（主要是视觉美学质量和宁静度评价）之间是否存在相关性？

在第一部分的研究完成后，对实验数据进行进一步的处理，引入被试在眼动追踪实验中生成的眼动热点图，并对热点图中的各类景观要素进行面积统计，展开对视听综合环境下具体森林公园景观要素与眼动注视特征和主观评价之间交互作用的研究。该部分内容的研究同样基于对三个具体的问题的阐述，分别是：

（1）考察森林旅游者在纯视觉条件下以及不同声音信号影响下总注视热区面积的差异。

（2）考察森林旅游者在不同声信号影响下对眼动热点图中各类景观要素关注面积的差异。

（3）探讨在不同的视听综合环境中，具体森林公园景观要素对森林旅游者感知偏好以及心理恢复的影响。

二　基础数据准备

（一）图像采集

实验室研究选取野外拍摄的森林公园景观图片作为眼动实验的视觉刺激材料。在许多森林公园景观视觉质量评价和眼动行为的研究中，都证明图片具有操作方便、实验可控性强且与观看实际景观没有显著差异等优点（Dupont & Antrop，2014：417—432；Sevenant，2010）。本研究所使用的图片是在中国浙江和福建省的 6 个乡村森林公园拍摄的。

在实地拍摄之前，邀请 5 位具有丰富专业知识的景观设计师根据景观结构、空间特征和人工化程度，将森林环境划分为 7 个相对同质的景观类型（如图 3 - 4 所示），包括：森林草甸、森林道路、森林湖泊、森林聚落、山顶景观，林下景观和森林峡谷。

根据上述分类，在 2018 年 6 月至 8 月进行的实地调查中拍摄了 181 张照片（距地面约 1.7m）。为了在拍摄期间具有相似的夏季照射条件并使植被能够保持相对恒定的外观，这些照片均是在上午 10：00 至下午 4：00 的晴天拍摄的。拍摄器材为 EOS 5D Mark III 数码相机，焦距设定为 35 毫米，宽高比设定为 3：2。照相机在拍摄时水平放置以捕捉特定场景的景观特征。在实地调研中，共拍摄有关森林草甸的图片 18 张，森林道路的图片 24 张，森林湖泊的图片 21 张，森林聚落的图片 20 张，山顶景观的图片 28 张，林下景观的图片 49 张，森林峡谷的图片 21 张。事后由 10 位专业的景观设计师从所有照片中挑选出来 7 张最具代表性的图片，每一张图片代表一种典型的森林公园景观类型（如图 3 - 4 所示）。挑选的依据主要包括图片质量以及不同森林公园景观类型之间的典型差异。

（二）声信号的采集

在本章第五节介绍了森林旅游者森林声源喜好特征的调查与分析方法，其中基于森林旅游者的喜好评价对森林声源再加以聚类分析，对实验室研究前的声信号采集工作具有重要的意义。根据本书第四章第三节对于森林声源的聚类分析结果，共采集了 4 种森林中最具代表性且出现频率较高的声信号，它们分别是森林声源聚类分析中四类声源（正面非人为声、正面人为声、负面非人为声和负面人为声）的代表。实地调查发现，森林中的声信号往往并非单一声源，而是表现为多种声源的组合。

图3-4 本研究所使用的7张代表不同森林公园景观类型的图片：V1：森林草甸；V2：森林道路；V3：森林湖泊；V4：森林聚落；V5：山顶景观；V6：林下景观；V7：森林峡谷

因此，采集的4种声信号也是四种声源组合，包括：

（1）伴随着鸟语虫鸣的流水声（在下文中以S1表示）：在声景喜好调查中发现（详见本书第四章第二节），鸟语、虫鸣以及潺潺的流水声都是森林游客喜爱的非人为声。因此，S1是正面非人为声源的组合（详见第四章第三节）。S1采集于福州乐丰赤壁森林生态风景区。

（2）伴随着寺庙钟声的轻音乐（在下文中以S2表示）：实地调研发现，森林公园管理机构往往在森林公园中通过隐蔽的景观音响播放优美的轻音乐，旨在为游客提供一个优雅的环境。S2采集于杭州西山国家森林公园，为中国传统佛教音乐，由中国传统乐器“古筝”演奏而成，旋律中包含着寺庙钟声的伴奏。轻音乐和寺庙钟声皆为森林游客喜爱的人为声，因此S2是正面人为声源的组合（详见第四章第三节）。

（3）以狗吠为主的家养动物声（在下文中以S3表示）：家养动物声是游客不喜欢的非人为声，因此S3是负面非人为声源的组合（详见第四章第三节）。S3采集于杭州西山国家森林公园。

（4）夹杂着交通声的喧闹声（在下文中以S4表示）：喧闹声和交通声都是游客不喜欢的人为声，因此S4是负面人为声源的组合（详见第四章第三节）。S4采集于杭州青山湖国家森林公园。

Loop-PAW-VE高保真录音机用来作为声信号采集设备。为了保证更宽广的录音范围和更真实的声音效果，选择XY立体声录音制式采集森林中的各类声信号。同时，为避免录音设备与人体直接接触而产生摩擦，录音设备支撑在距地面 1.5m 且距其他反射源 3.5m 以上的位置。声信号的采集过程中没有极端天气，风速小于 5m/s（Ren & Kang，2015a：171—179；Calleja 等，2017：272—278）。

（三）场景合成与声信号校准

在不受交通噪声和背景音乐干扰的情况下，选择普通周末使用声级计测定了森林环境的声压级（SPL）。测量时，采用 A 频率计权和“SLOW”模式进行数据记录。测量地点为杭州青山湖国家森林公园中的 10 个采样点，采样点均位于环湖或环山游览主路附近，避开了一些交通较为密集的特殊区域，如停车场或游客活动中心。每个采样点的测量时间为 10 分钟（Brocolini 等，2013：813—821）。声级计放置在离地 1.5m 处，每次测量前后进行校准。测量期间没有极端天气，风速小于 5m/s（Ren & Kang，2015a：171—179；Calleja 等，2017：272—278）。测量指标为等效连续声压级（LAeq），最终取 10 个采样点测得的所有 LAeq 的平均值作为最终结果。经测量，森林环境的 LAeq 约为 45.8db（A）。

接下来是对采集到的 4 种森林声信号进行校准。在校准过程中，首先使用 Adobe Premiere 软件将 4 种声信号剪切为 20 秒的片段，将其与挑选出的 7 张森林公园景观图片进行合成，使每张图片都配有 4 种声信号，最终获得 28 个（7 ×4）视听场景用于眼动实验。之后使用 BOSE Quite Comfort 35 II 高保真耳机、CRY318 人工耳和 CRY2300 噪声振动分析系统对这些视听场景中的声信号进行校准。最终，所有视听场景中的声信号均接近森林环境的声压级 45.8db（A）（表 3 –8）。

表 3 –8　　声信号的校准

声信号	L_{Aeq} left ear dB（A）	L_{Aeq} right ear dB（A）	Average left-right dB（A）	Difference right-left ear
S1	45.7	44.6	45.2	1.1
S2	46.2	45.9	46.1	0.3
S3	46.3	46.1	46.2	0.2
S4	46.3	45.7	46.0	0.6
Measured reference for calibration：45.8 dB（A）				

三 研究指标选取及意义

实验中的测度指标包括眼动指标和主观评价指标。眼动指标由 Tobii Pro Glasses 2 可穿戴式眼动仪进行监测，并由 ErgoLAB 人机环境同步平台导出。主观评价指标则通过实时问卷进行收集。

基本的眼动行为可以分为两类：一种是眼跳（扫视），即眼球的运动（通常可达 500°/s）；另一种是注视，即眼跳后眼球相对静止的状态（持续约 200—300ms）（Rayner，1998：372—422）。以往的研究表明，人类的视觉系统在扫视过程中受到抑制，几乎不能处理视觉信息。因此，对于视觉信息的处理，主要发生在注视过程中（Matin，1974：899）。眼跳和注视可以分别代表视觉搜索和信息处理的过程，并可以导出一系列眼动指标进行统计分析。本研究主要考察 4 个眼动指标，包括注视频率、平均注视时长、扫视频率及平均瞳孔直径。关于这些指标所包含的认知意义，在认知心理学、行为心理学、认知神经科学以及一些工程学科的交叉应用研究领域中已进行了大量研究，并形成了许多共识（Ahern & Beatty，1979：1289—1292；Dong 等，2018：599—614；Goldberg & Kotval，1999：631—645；Hahnemann & Beatty，1967：101—105；Jacob & Karn，2003：573 -605；Just，1976：441—480）。现将每个指标所包含的认知意义描述如下：

（1）注视频率（Fixation Frequency，在下文中以 FF 表示）：单位时间内的注视次数。在本研究中，FF 代表每秒的注视次数（n/s）。当被试在进行某项特定任务时，FF 越高，代表被试信息处理的效率就越高。当被试没有特定的任务并且可以自由地观看时，FF 越高，代表被试在单位时间处理了更多的信息（但可能不一定有用）。结合扫视频率和注视平均时长等其他注视指标可以综合研判被试的心理状态。

（2）注视平均时长（Average Fixation Time，在下文中以 AFT 表示）：参与者每次注视所花费的时间（即，每次注视的平均持续时间），单位为秒。当参与者有一个特定的任务时，AFT 越长，解释信息就越困难。当参与者没有特定的任务并且可以自由地观看时，AFT 越长，对象就越有吸引力，参与者就越感兴趣。结合注视频率和扫视频率等其他注视指标可以综合研判被试的心理状态。

（3）扫视频率（Saccade Frequency，在下文中以 SF 表示）：单位时间内的扫视次数。在本研究中，SF 代表每秒的扫视次数（n/s）。SF 越高，表示观察对象对被试的吸引力越小（即信息太简单或太复杂），SF 过高不利于被试找到感兴趣的区域。结合注视频率和注视平均时长等其他注视指标可以综合研判被试的心理状态。

（4）平均瞳孔直径（Average Pupil Diameter，在下文中以 APD 表示）：表示被试的总体认知负荷，单位为毫米（mm）。APD 越大，代表被试的心理负荷越大。

本研究所涉及的主观评价维度主要包括两个评价指标：视觉美学质量（Visual Aesthetic Quality，在下文中以 VAQ 表示）和宁静度（Tranquility Rating，在下文中以 TR 表示）。视觉美学评估被认为是通过设计和管理提高景观美学质量的可靠方法（Arriaza 等，2004：115—125；Zhao 等，2013：123—132）。环境中的“宁静”属性意味着该环境是“安详、清静且远离日常繁忙生活的理想环境”，因此宁静度也被学者提议作为景观管理规划的评价工具（Pheasant 等，2008：1446—1457；Watts 等，2011：585—594）。在实验中（附录三），被试对 VAQ 的评价需要在 7 点尺度的量表中［从“非常丑陋”（1）到“非常美丽”（7）］进行选择，被试对 TR 的评价同样需要在 7 点尺度的量表中［从“非常嘈杂”（1）到“非常安静”（7）］进行选择。

四　样本信息与实验设计

（一）样本量确定与样本信息

眼动实验的样本数量目前没有统一的标准，研究者可根据统计学最低样本量要求、实验设计方法以及具体研究目的统筹考虑设定合理的样本规模。本实验中对实验样本量的确定参考了近年来相关的高水平研究，在近年来利用眼动实验或可穿戴生理仪器实验对建成环境进行评估的研究中，各单位次组的样本量往往从 12—30 人不等（Ren & Kang，2015a：171—179；Ren & Kang，2015b：3019—3022）。此外，在统计学经验中，通常大样本是指样本容量需达到 30 人，每个小类样本容量不得小于 10 人，也有学者指出单位次组的容量至少应有 20—50 人（任欣欣，2016）。根据相关研究经验和统计学经验，本实验确定实验样本量为 30 人。

参与实验的30名被试（19名女性，11名男性）均为视力和听力正常的高校在校学生。排除眼动采样率较低（<80%）的受试者后，有效样本数为26（16名女性，10名男性）。所有被试的年龄都在20—26岁之间，且大多数人来自中国东南部的城市。

（二）实验过程

为了避免现场因素的干扰，实验在实验室环境中进行（图3－5和图3－6）。每位被试需要佩戴Tobii Pro Glasses 2可穿戴式眼动仪和BOSE Quite Comfort 35 II高保真耳机，并观看28个视听场景。所有场景都投影在100英寸4∶3的白屏上，屏幕视角为160°。

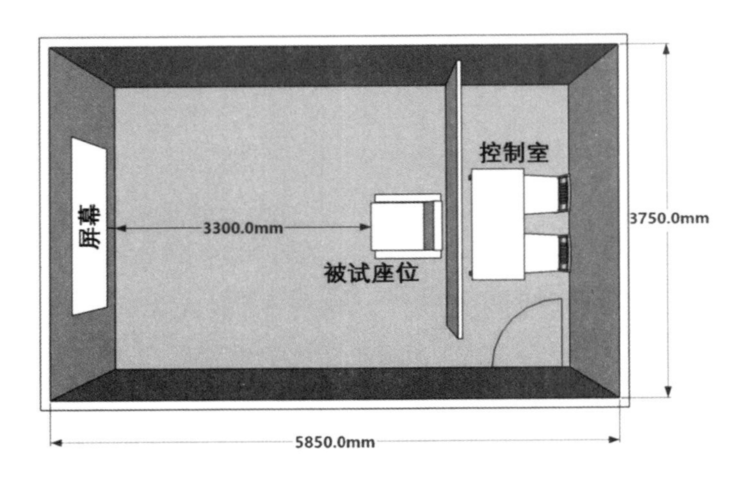

图3－5 实验室布局（顶视图）

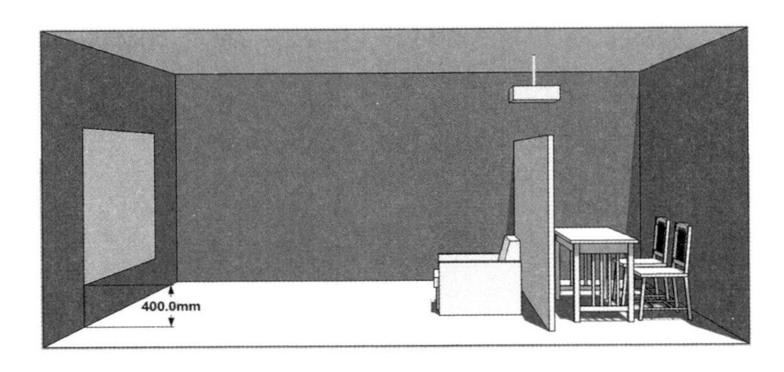

图3－6 实验室布局（侧视图）

实验前，参与者均被告知他们将观看若干森林公园景观，但对于场景的具体细节并未透露。被试在实验前需要进行眼动行为的定标校准，以确保眼动仪能够正常收集被试的眼动数据。校准成功后即进入正式的实验环节，在实验过程中，被试均为没有特定任务情况下的自由观看。所有场景的呈现顺序是随机的，以避免被试在后期实验中由于习惯场景播放顺序而产生感知偏差。首先进行纯视觉条件下的眼动跟踪实验，随机播放7幅选定的景观图片，每幅图片连续显示20s，以黑屏间隔10s播放下一幅图片。在纯视觉条件下的眼动跟踪实验完成后，休息30秒，随后进入视听综合环境中的眼动跟踪实验。视听综合环境中眼动跟踪实验的实验程序与纯视觉条件下的眼动跟踪实验类似，每个视听场景持续显示20秒，两个场景之间以10s的黑屏间隔。不同点在于，在黑屏间隔期间，被试可以对上一个场景的VAQ和TR进行评分。每个被试参与实验的总时间约为20分钟左右。

五 信度检验与数据分析

（一）信度检验

在数据分析前，首先需要对视听条件下各图像输出的眼动数据和主观评价数据进行信度检验。Cronbach's α 系数被用来测试26名被试的眼动数据和主观评价数据的可靠性。各眼动指标（FF、AFT、SF、APD）的Cronbach's α 系数为0.713—0.968，两个主观评价指标（VAQ和TR）的Cronbach's α 系数分别为0.904和0.768。这些结果验证了数据的可靠性，表明调查结果准确可信，可进一步分析应用。

（二）数据分析

在探讨森林公园景观与声信号类型对旅游者感知偏好的综合影响时，使用单因素方差分析（one-way ANOVA）分析声源类型对眼动指标及主观评价维度的影响、相同声环境下被试观看森林公园景观时的心理负荷，以及景观类型对眼动指标及主观评价维度的影响；使用皮尔逊相关分析（Pearson's correlation analysis）分析眼动指标之间的相关性以及眼动指标和主观评价维度之间的相关性。采用主成分分析法（Principal components analysis，PCA）进行眼动指标进行主成分提取。

在探讨视听综合环境下具体森林公园景观要素与旅游者感知偏好的

交互作用时，使用单因素方差分析（one-way ANOVA）分析无声与有声环境下眼动热点图中总注视热区的差异，以及不同声信号影响下被试对景观要素关注的差异；使用多元回归分析（regression analysis）考察森林公园景观要素对被试感知偏好的影响。

六 实验环境的生态效度检验

当所有实验结束后，被调查者会被要求对视听场景的沉浸感（Immersion）和真实感（Realism）进行打分，以此来检验实验环境的生态效度（附录四）。

在有关实验生态效度的调查中，被调查者普遍认为视听场景可以提供身临其境的体验（图 3－7），因此本实验具有较好的生态有效性。同时，还应指出，实验中图片的静态属性和被试头部不能自由转动是影响实验设计生态效度的主要问题。当前，虚拟现实（Virtual Reality，VR）技术能够创造一种积极主动的移情体验，因此受到了学者们的广泛重视。但虚拟现实技术的生态有效性也受到当前技术的限制，如在虚拟现实场景中产生的晕动症和视觉疲劳等问题可能会影响到被试眼动数据的采集（Yi 等，2018：437—445；Zou 等，2018：1589—1597）。然而，从长远来看，随着虚拟现实技术的飞速发展，将眼动研究与虚拟现实技术相结合依然是提高景观评价的重要手段。

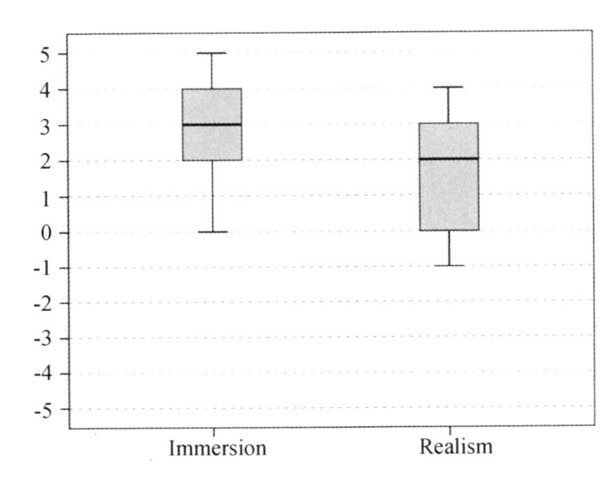

图 3－7 实验环境沉浸感与真实感评价

本章主要按照研究逻辑介绍了森林视听资源的量化研究方法。首先通过文献回顾、专家咨询和实地调研确定森林公园景观特征与森林声源分类框架。在森林公园景观特征描述中，基于空间、形式和功能特征将森林公园景观分为森林草甸、森林道路、森林聚落、森林湖泊、山顶景观、林下景观和森林峡谷7个景观类型，并将森林公园景观的构成单元分为前景木本植物、中景木本植物、远景木本植物、草本植物、人工建筑物与构筑物、水体、天空、岩石、道路和人类等10个景观要素。在森林声源分类方面，将森林声源分为人为声和非人为声两个大类以及人语/音乐声、信号声、交通声、家养动物声、自然声5个中类，在5个中类下又包含26种具体的森林声源。之后通过里克特量表对森林旅游者的森林公园声景喜好特征进行初步考察，并根据森林旅游者的喜好特征对森林声源进行进一步的聚类分析。其次，通过语义差异法和因子分析法考察森林旅游者对森林声环境的期待特征。在实验室研究前，根据森林公园景观分类结果和森林声源的聚类分析结果收集具有代表性的森林视听数据。最后，将收集到的视听数据用于眼动实验研究中，通过对照实验考察被调查者的眼动行为、眼动指标和主观评价指标，进而挖掘被调查者在森林公园景观感知偏好中的视听交互作用。

第四章

森林旅游者森林公园声景喜好特征分析

第一节　问题梳理

从前文的论述中可知，中国在开展全域旅游，推进森林小镇、森林体验与森林养生试点建设的背景下，国内关于森林公园声景的研究也日益丰富。但现有的研究更多是从宏观上基于层次分析法（Analytic Hierarchy Process，简称AHP）和德尔菲（Delphi Method）等运筹学方法构建森林公园声景的评价体系（陈飞平、廖为明，2012：56—60；洪昕晨等，2016：116—120；钟乐等，2017：224—230），而缺少从森林旅游者角度出发，对游客森林公园声景喜好特征的调查。因此，本章主要通过问卷调查与统计分析，重点考察森林游客对于森林声源和声环境的喜好特征，这对于森林公园声景的营造和管理具有理论和实践意义。对于森林公园声景喜好特征研究主要由两部分构成：第一部分是森林声源喜好特征研究，主要采用Likert调查量表和聚类分析方法；第二部分为森林声环境喜好特征，主要采用语义差异量表和因子分析方法。

第二节　森林声源喜好特征

一　声源喜好构成

基于里克特量表的森林声环境喜好评价结果如表4－1所示，显示了26种森林声源被森林旅游者评价为不同喜好水平（－3，非常不喜欢；－2，不喜欢；－1，比较不喜欢；0，一般；1，比较喜欢；2，喜欢；3，非常喜欢）的次数。

表4-1　　森林声源喜好调查结果

总调查人数	声源	对森林中各声源从“非常不喜欢”到“非常喜欢”所占的人数						
		非常不喜欢	不喜欢	比较不喜欢	一般	比较喜欢	喜欢	非常喜欢
263	游客嘈杂声	115	69	34	29	5	3	8
	儿童嬉闹声	80	47	35	65	15	9	12
	歌唱	33	26	21	72	48	33	30
	叫卖	99	61	37	49	9	2	6
	音乐声	23	10	13	63	49	50	55
	广播	73	50	33	75	17	8	7
	寺庙钟声	21	18	16	66	57	42	43
	警报	118	58	41	36	3	4	3
	汽车	118	68	41	23	4	7	2
	摩托车	126	70	36	21	3	4	3
	拖拉机	135	68	40	14	2	1	3
	自行车	59	25	16	95	36	21	11
	鸡鸣	49	30	19	92	41	18	14
	犬吠	46	35	26	96	31	15	14
	有蹄类家畜	45	39	29	88	33	12	17
	微风吹树叶	7	3	2	33	47	78	93
	细雨打树叶	12	5	3	36	54	67	86
	狂风	48	38	42	79	23	14	19
	暴雨	57	52	44	63	19	11	17
	雷电	64	51	40	62	16	11	19
	流水声	7	1	2	34	49	79	91
	滴水声	11	3	3	33	59	65	89
	瀑布声	9	1	6	36	58	63	90
	鸟鸣	6	4	2	31	53	67	100
	虫鸣	17	9	5	47	48	60	77
	蛙鸣	19	12	10	57	41	52	72

森林声源喜好评价构成比例表明（图4-1），交通声的喜好评价结果较差。在森林环境中，交通声（包括汽车声和摩托车声）会经常出现于

道路枢纽、游客集散中心或一些公共休憩空间周边。此外，由于存在一些村落聚居点，因此偶尔会听到一些农业机具发出的声音。在调查中，分别有高达44.9%、47.9%和51.3%的被调查者将汽车声、摩托车声和拖拉机声评价为“非常不喜欢”（评价值 = -3）；有25.9%、26.6%和25.9%的被调查者将汽车声、摩托车声和拖拉机声评价为“不喜欢”（评价值 = -2）。自行车声在交通声中评价相对较好，对于自行车声，有22.4%的被调查者表示“非常不喜欢”，接近36.1%的被调查者选择了“一般”（评价值=0）。总体来看，自行车声仍然为负面声源，因为评价低于“一般”的被调查者占到了38%，而评价高于“一般”的被调查者只有25.9%。对于人语/音乐声而言，游客嘈杂声、儿童嬉闹声和叫卖声的喜好评价结果较差，分别有高达43.7%、30.4%和37.6%的被调查者将游客嘈杂声、儿童嬉闹声和叫卖声评价为“非常不喜欢”；有26.2%、17.9%和23.2%的被调查者将游客嘈杂声、儿童嬉闹声和叫卖声评价为“不喜欢”。音乐声的喜好评价结果较好，有20.9%、19%、18.6%和24%的被调查者选择了“非常喜欢”（评价值=3）、“喜欢”（评价值=2）、“比较喜欢”（评价值=1）和“一般”。选择“一般”及以上的被调查者占据了82.5%的比例。歌唱声的喜好评价结果中等，“非常不喜欢”和“非常喜欢”的人数相差不多，分别占12.5%和11.4%，大多数被调查者选择“一般”和“比较喜欢”，比例各占27.4%和18.3%。对于信号声而言，被调查者对于寺庙钟声的印象较好，分别有16.3%、16%、21.7%的被调查者选择了“非常喜欢”“喜欢”和“比较喜欢”，此外还有25.1%的被调查者选择了“一般”，选择“一般”及以上的比例占到了79.1%。被调查者对于家养动物声的印象普遍不够好，分别有72.2%、77.2%和76.4%的被调查者对鸡鸣、狗吠以及有蹄类家畜声的评价在“一般”及以下。自然声是森林声环境的主要构成部分，被调查者对大多数的自然声源也是印象较好，分别有35.4%、32.7%、34.6%、33.8%、34.2%、38%、29.3%和27.4%的被调查者表示对微风吹树叶、细雨打树叶、流水声、滴水声、瀑布声、鸟语、虫鸣和蛙鸣等自然声源“非常喜欢”；表示“喜欢”的被调查者分别有29.7%、25.5%、30%、24.7%、24%、25.5%、22.8%和19.8%；还有17.9%、20.5%、18.6%、22.4%、22.1%、20.2%、18.3%和15.6%的被调查者表示对微风吹树叶、细雨打树叶、流水声、滴水声、瀑布声、鸟语、虫鸣和蛙鸣等自然声源“比较喜欢”。但是，自然声源中有些地球物理声，如“狂风”“暴雨”“雷电”等声源的喜好评价结果较差。分别有 18.3%、21.7% 和 24.3% 的被调查者表示对狂风、暴雨、雷电等声源“非常不喜欢”；表示“不喜欢”的被调查者分别有 14.4%、19.8% 和 19.4%；表示“比较不喜欢”的被调查者分别有 16%、16.7% 和 15.2%。对于狂风、暴雨和雷电，选择“一般”及以下的被调查者分别占据了 78.7%、82.2% 和 82.5%。这些声源属于地球物理现象所产生的声音，虽然是森

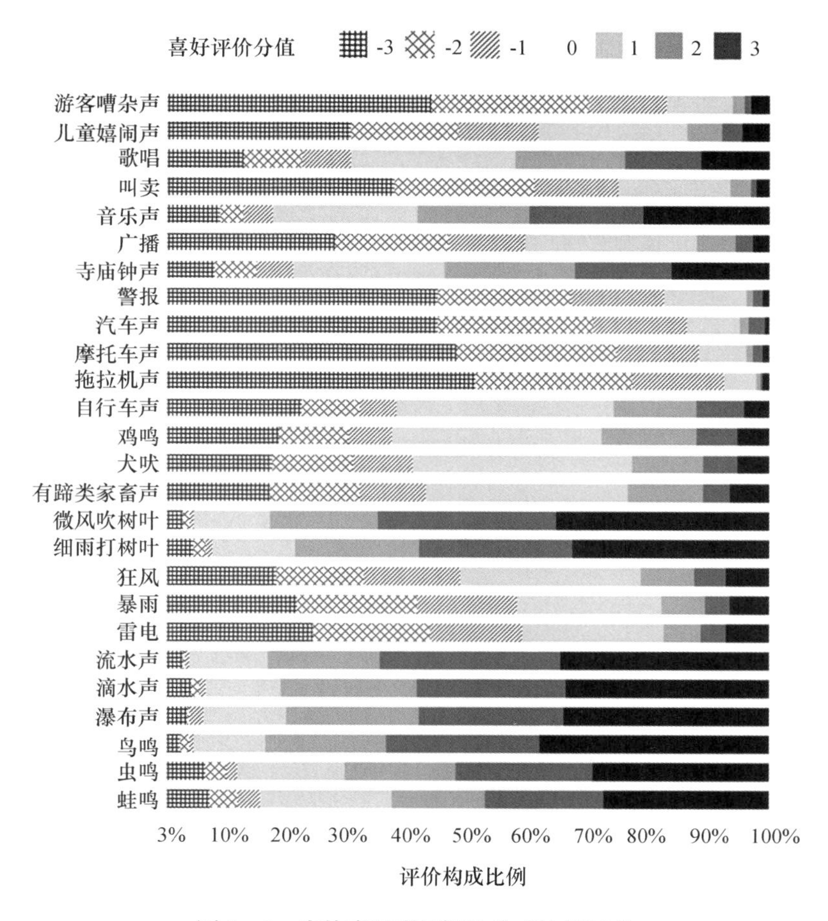

图 4－1　森林声源喜好评价构成比例示意

林声源的组成部分，且不为森林游客所喜爱，但却很难通过人为的规划设计加以避免。

二　声源喜好评价值

从声源喜好的评价结果来看（图4－2），森林游客对于森林中自然声的整体喜好度最高，总体评价均值为0.889，接近于“比较喜欢”。但自然声中的狂风、暴雨、雷电属于负面声源，评价值分别为－0.586、－0.863和－0.909，均处于“一般”和“比较不喜欢”之间，无疑影响了自然声源的整体评价结果。森林中的家养动物声在森林旅游者看来属于负面声源，总体评价均值为－0.471，处于“一般”和“比较不喜欢”之间。其中鸡鸣、犬吠、有蹄类家畜声等声源评价值分别为－0.407、－0.498和－0.51，均处于“一般”和“比较不喜欢”之间。人语/音乐声和信号声的构成比较复杂，游客嘈杂声、儿童嬉闹声、叫卖等人语声评价较低，评价值分别为－1.833、－1.141和－1.616，均处于“比较不喜欢”和“不喜欢”之间。但歌唱、音乐声在森林中属于正面声源，评

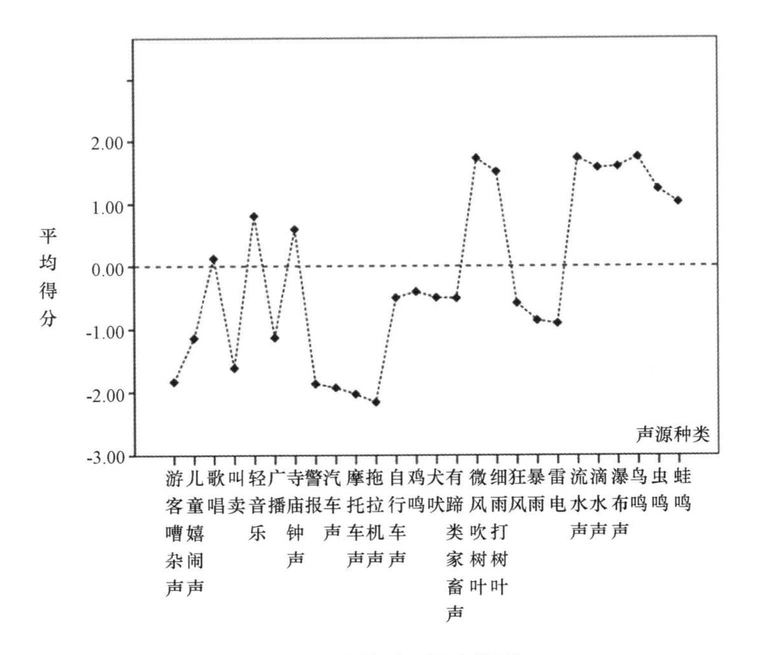

图4－2　森林声源喜好评价

价值分别为0.122和0.806，均处于“一般”和“比较喜欢”之间。信号声中的广播声、警报声属于负面声源，评价值分别为-1.133和-1.867，为森林旅游者“比较不喜欢”和“不喜欢”的声源。但寺庙钟声受到森林游客的普遍喜爱，评价值为0.589，处于“一般”和“比较喜欢”之间。在所有声源类型中，交通声是森林旅游者在森林中最不愿听到的声音，总体评价均值只有-1.655。其中机动车声，包括汽车声、摩托车声和拖拉机声的评价值分别为-1.928、-2.030和-2.16，都接近“不喜欢”，属于典型的负面声源。交通声中的自行车声虽然评价值也为负，评价值为-0.502，但比机动车声高出不少，停留在“一般”和“比较不喜欢”之间，与家养动物声的评价值接近。

第三节　森林声源聚类分析

根据本章第二节的研究结果，进一步将声源变量作为划分指标，采用平均欧式距离和组间连接方法对森林声源进行系统聚类，结果如图4-3所示，其中横坐标为聚类重新标定距离（Rescaled Distance Cluster Combine），纵坐标为聚类要素（即声源变量）。从图4-3中可以看出，森林中的声源依据森林游客的喜好评价结果基本可以分为5类：机动车声、游客嘈杂声、儿童嬉闹声、叫卖、广播、警报等声源为一类，可以将其视为“负面人为声”；歌唱、音乐、寺庙钟声等声源为一类，可以将其视为“正面人为声”；自然生物声（鸟语、虫鸣、蛙鸣）、水声（滴水声、流水声、瀑布声）、地球物理声（微风吹树叶、细雨打树叶）等声源为一类，可以将其视为“正面非人为声”；地球物理声中的狂风、暴雨、雷电以及家养动物声为一类，可以将其视为“负面非人为声”；另外自行车声单属一类，其评价值虽高于其他“负面人为声”，但由于均值仍为负，因此仍视为“负面人为声”。

森林声源聚类分析的结果可以指导在实地调研中的声信号收集。根据分析结果，最终在实地调研中收集了4种声信号（详见本书第三章第六节“基础数据准备”的内容），分别为S1（伴随着鸟语虫鸣的流水声）、S2（伴随着寺庙钟声的轻音乐）、S3（以狗吠为主的家养动物声）和S4（夹杂着交通声的喧闹声），它们分别代表着正面非人为声的组合、正面人为声的组合、负面非人为声的组合，以及负面人为声的组合。

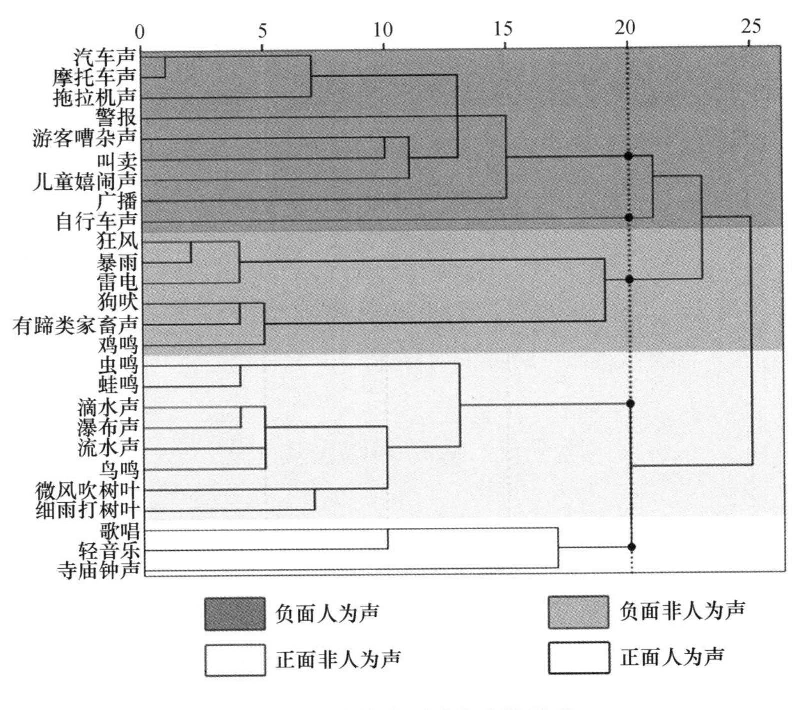

图 4－3 森林声源系统聚类谱系

第四节 森林声环境喜好特征

一 森林声环境喜好描述

基于语义细分法的森林声环境喜好评价结果如图 4－4 所示。从声景感知的物理属性上来看，森林游客喜欢置身于比较柔和的、轻快的、平滑的、软的、纯的、远的、有一定方向的、有些许回声的森林声环境之中，对于声环境中音调的高低以及是否变化丰富等指标持较为中立的态度。从声景感知的个人属性上来看，森林游客期待置身于比较熟悉的、平静的、喜悦的、有趣的和安静的森林声环境之中。从声景感知的社会属性上来看，森林游客期待置身于比较开放的、自然的以及具有一定意义的森林声环境之中，而对于声环境中是否具备社交属性持中立态度。

代表着森林旅游者希望体验的森林公园声景是具有高保真、声音之间不经常发生重叠、既有信号声又有背景声的具有透视性的声环境，而非经常发生掩蔽而无法识别的声环境。在森林环境中开展过多的社会活动既不利于森林生态环境的保护，也不利于森林旅游者的声景体验。繁杂的群体性活动容易在森林环境中提高人流密度并增加交通负荷，进而带来噪声的增加和声音的掩蔽效应，无法让森林旅游者在安静、通透的声环境中得到休息和放松。

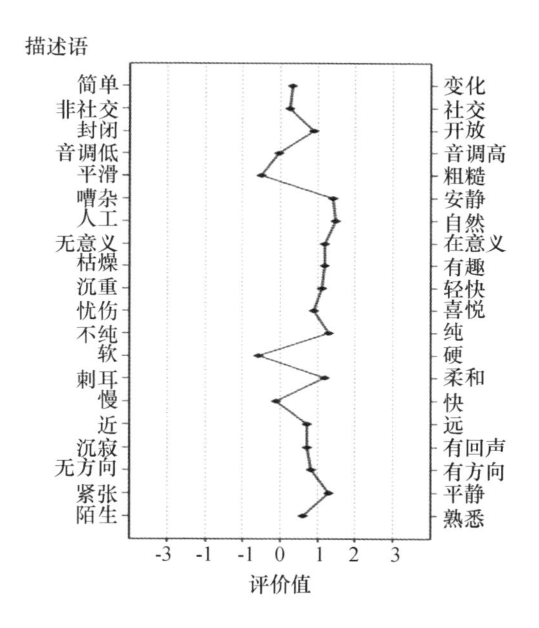

图4－4　森林声环境喜好描述示意

二　森林声环境主导感知要素的提取

为分析影响森林声环境感知的主导听觉感知因子，对各描述语的评价值进行公因子提取。具体而言，运用 SPSS v22.0 软件对调查数据进行因子分析，根据各评价指标的相关系数矩阵，采用最大方差旋转（Varimax Rotation）主成分分析法提取该20组语义评价指标的正交因子，依照特征根值大于1的提取原则，确定影响森林声环境喜好的4个主要因子分析结果如表4－2所示。

因子1主要与休闲娱乐相关，包括枯燥——有趣、嘈杂——安静、无意义——有意义、沉重——轻快、人工——自然、忧伤——喜悦等；因子 2 主要与空间特性相关，包括沉寂——有回声、无方向——有方向、陌生——熟悉等；因子 3 主要与声音的音质和动态性相关，包括平滑——粗糙、慢——快、简单——变化、音调高——音调低、软——硬等；因子 4 则主要与环境知觉相关，包括近——远、刺耳——柔和、紧张——平静等。其中，因子 1（休闲娱乐）的覆盖率远高于其他 3 个因子，说明休闲娱乐是影响森林声环境喜好的决定性因子。

根据以往学者的研究，城市公共开放空间的声环境感知偏好特征主要包括放松、交流、空间与动态性 4 个主导因子（张玫、康健，2006）。与之相比，森林声环境喜好特征的主导因子缺少与交流有关的部分，可见当森林游客置身于森林环境中时，更多是以休闲娱乐、放松身心为目标，而并不关注交流的问题；此外，本研究所提取的主导因子对全部指标参量的覆盖率为 61.054%，以往学者对城市、乡村等环境的研究结果稍高。可见，游客对森林的感知相比城市或乡村声环境更加单纯。

表 4-2　森林声环境感知主导因子分析（表中数值为各语义指标与因子的相关系数）

语义指标	因子			
	1（29.006%）	2（12.310%）	3（11.984%）	4（7.754%）
陌生——熟悉	0.262	0.700	0.088	0.035
紧张——平静	0.412	0.526	0.176	0.473
无方向——有方向	0.273	0.753	0.044	0.064
沉寂——有回声	0.227	0.754	0.133	0.066
近——远	0.083	0.057	0.359	0.781
慢——快	0.219	0.370	0.602	0.026
刺耳——柔和	0.577	0.129	0.160	0.504
软——硬	0.278	0.355	0.557	0.253
不纯——纯	0.650	0.204	0.169	0.447
忧伤——喜悦	0.752	0.229	0.100	0.103
沉重——轻快	0.816	0.163	0.060	0.101
枯燥——有趣	0.828	0.174	0.067	0.066

续表

语义指标	因子			
	1（29.006%）	2（12.310%）	3（11.984%）	4（7.754%）
无意义——有意义	0.817	0.166	0.030	0.135
人工——自然	0.813	0.151	0.062	0.073
嘈杂——安静	0.821	0.143	0.062	0.187
平滑——粗糙	0.183	0.188	0.640	0.164
音调低——音调高	0.049	-0.003	0.571	0.176
封闭——开放	0.680	0.070	0.282	0.159
非社交——社交	0.347	-0.078	0.539	0.004
简单——变化	0.115	-0.088	0.592	0.149

注：表中“1”为休闲娱乐因子，“2”为空间特性因子，“3”为音质与动态性因子，“4”为环境知觉因子，括号内数字为各因子旋转后的方差贡献率，四个因子对全部指标参量的累计覆盖率为61.054%。

本章主要研究了森林旅游者对于森林声源的喜好特征。首先通过Likert量表让被调查者根据自身的喜好对森林中的26种声源进行打分，分值为-3~3，7个等级。结果表明，森林游客对于森林中自然声的整体喜好度最高，但自然声中的狂风、暴雨、雷电属于负面声源。森林中的家养动物声在森林游客看来属于负面声源。人语/音乐声中的游客嘈杂、儿童嬉闹、叫卖等人语声评价较低，但音乐声在森林中属于正面声源。信号声中的广播声、警报声属于负面声源，但寺庙钟声受到森林游客的普遍喜爱。在所有声源类型中，交通声是森林旅游者在森林中最不愿听到的声音，属于典型的负面声源。就声源来看，并非所有的自然声都受到喜爱。同时，人为声中也有许多声源能够得到森林旅游者的偏爱，如人为声中的歌唱、音乐、寺庙钟声等。因此，需要在森林公园建设和管理中有针对性的保护和营造森林旅游者喜爱的森林声源，以提高游客的整体满意度。

基于声源喜好的评价结果对森林声源进行系统聚类分析，可以发现，森林中的声源基本可以分为4类：“负面人为声”（机动车声、游客嘈杂声、儿童嬉闹声、叫卖、广播、警报等声源）、“正面人为声”（歌唱、音乐、寺庙钟声等声源）、“正面非人为声”（自然生物声、水声、微风细雨等声源)，以及“负面非人为声”（狂风、暴雨、雷电以及家养动物声）。

此外，还通过语义细分法和因子分析法考察了森林游客对森林整体声环境的期待特征。休闲娱乐、空间特性、声音的音质与动态以及环境知觉是对森林游客的声景感知偏好起主导作用的 4 个因子。在森林公园景观的建设与管理中，可重点关注、处理这 4 个主要因子，构建与之相关的评价体系，进而实现降维和简化问题的目的。与以往学者针对城市开放空间的研究相比，森林声环境喜好特征的主导因子缺少与交流有关的部分，可见当游客置身于森林环境中时，更多地是以休闲娱乐、放松身心为目标，而并不关注交流的问题。总体而言，不应在森林环境中开展过多的社交活动和集体活动，过多的人为组织活动会带来声音的掩蔽效应，无法让森林旅游者在通透的声环境中得到休息和放松。

第五章

森林公园景观类型与声信号类型对感知偏好的综合影响

第一节 问题梳理

森林旅游正成为我国各地区经济增长最具活力的增长点。优美的景色和怡人的声环境是森林区别于城市建成区的主要特质，也是构成森林旅游吸引力的重要组成部分，但目前对于森林公园景观视听综合评价的研究却有所不足。通过对森林公园景观进行视听综合条件下的评价和分析，可以为森林公园景观的规划设计提供科学依据，并有助于林业工作者开展满足公众审美需要的经营管理工作。

从声源角度看，交通噪声是目前森林公园声景研究的主要关注点（Calleja 等，2017：272—278；Munro 等，2017：180—190），而森林中可能出现的其他声源还没有得到足够的重视。在城市环境中，大多数自然声和音乐声已被证明是城市居民更加偏爱的声源类型，且这些声源能够有效缓解城市居民的身心压力（Szeremeta & Zannin，2009：6143—6149；Alvarsson 等，2010：1036—1046）。然而，考虑到声景感知的空间差异（Brown 等，2011：387—392），这些研究结果是否适用于森林环境仍需要进一步的调查。特别是当视觉刺激被加入时，呈现出的感知偏好结果可能会更加复杂。本章节将具体探讨森林环境中常见的 4 种声信号对森林旅游者环境感知的影响，这 4 种声信号分别为：伴随着鸟语虫鸣的流水声、伴随着寺庙钟声的轻音乐、以狗吠为主的家养动物声，以及夹杂着交通声的喧闹声。根据森林声源聚类的研究结论（详见本书第四章第三节），这四种声信号分别代表着正面非人为声的组合、正面人为声的组合、负面非人为声的组合和负面人为声的组合。

在视觉刺激方面，一些研究侧重于特定景观要素对景观评价的影响机制（Ebenberger & Arnberger，2019：272—282），同时也有许多研究强调景观类型在主观感知中的主导作用（Chen 等，2018：183—189）。先前的研究表明，人们倾向于选择具有瞭望和庇护功能的景观（Appleton，1975）；开阔的公园式森林公园景观比林木密集和结构复杂的林分更受欢迎（Ribe，1989：55—74）。在乡村中，人们对不同的乡村景观类型（如聚落远景、乡村水体、乡村院落、农田景观、乡村道路等）会产生不同的感知偏好（Ren & Kang，2015b：3019—3022）。可见，不同景观类型所具备的独特的景观结构、空间特征和人工化程度对环境使用者的环境感知影响巨大。对于具体森林公园景观的类型划分，依据前文所述，将森林公园景观分为 7 种类型：森林草甸、森林道路、森林聚落、森林湖泊、山顶景观、林下景观和森林峡谷，这些森林公园景观类型也是游客最常见、最有经验的景观类型。

在评价指标方面，多数景观评价研究采用量表的形式，注重考察被试对视觉美学质量、宁静度、噪声烦恼度等主观心理指标的评价，缺乏对被试客观生理指标的监测和分析。眼动仪在许多研究领域得到了广泛的应用，但在森林公园景观评价中却很少涉及。眼动仪通常用来监测被试的注视行为、扫视行为和瞳孔直径的变化。眼动指标的客观性可以弥补以往景观评价中主观感受的不足，与主观评价指标形成优势互补，有助于建立更科学、多维度、定量化的景观评价体系（康健，2014：4—7）。

因此，本研究使用的评价指标既包括主观心理指标，如视觉美学质量和宁静度评价，又包括由眼动仪收集的客观眼动指标（详见本书第三章第六节“研究指标选取及意义”的内容）。具体来说，就是在视听综合环境中，通过眼动实验和问卷调查，同时测量、挖掘和分析被试的主观心理感知和眼动行为特征。

综上所述，本章节主要对以下问题进行研究：

（1）在视听综合环境中，不同的声信号对森林旅游者的主观评价、眼动行为和心理恢复有何影响？

（2）在视听综合环境中，森林旅游者对各类森林公园景观类型的感知偏好有何差异？森林公园景观对被试的心理恢复作用有何差异？

（3）当被试在视听综合环境中欣赏森林公园景观时，眼动跟踪指标与主观评价维度（主要是视觉美学质量和宁静度评价）之间是否存在相关性？

第二节　声信号类型对眼动指标及主观评价维度的影响

一　声信号类型对眼动指标的影响

将不同视听场景下的眼动数据相结合，进行单因素方差分析（one-way ANOVA）。因变量为4个眼动指标（即FF、AFT、SF和APD），自变量为4种声信号（S1、S2、S3、S4）（表5－1）。结果表明，被试在不同声信号影响下的FF、AFT和APD有显著性差异（$p<0.05$；$p<0.01$；$p<0.001$），SF无显著性差异（表5－2）。

表5－1　　声信号影响下的眼动测试数据

描述性统计								
	声信号	均值	标准差	标准误	95%置信区间		最小值	最大值
					下限	上限		
注视频率（FF）	S1	1.18	0.39	0.03	1.12	1.23	0.35	2.10
	S2	1.18	0.40	0.03	1.12	1.24	0.20	2.55
	S3	1.27	0.37	0.03	1.22	1.33	0.15	2.05
	S4	1.26	0.40	0.03	1.20	1.32	0.20	2.37
注视平均时长（AFT）	S1	0.86	0.47	0.03	0.79	0.92	0.27	2.83
	S2	0.82	0.48	0.04	0.75	0.89	0.23	4.03
	S3	0.70	0.33	0.02	0.65	0.75	0.26	2.52
	S4	0.75	0.48	0.04	0.68	0.83	0.22	3.54
扫视频率（SF）	S1	1.88	0.82	0.06	1.76	2.00	0.30	4.75
	S2	1.94	0.81	0.06	1.82	2.05	0.25	5.15
	S3	2.00	0.80	0.06	1.88	2.12	0.15	4.45
	S4	2.01	0.88	0.07	1.88	2.14	0.15	4.90
平均瞳孔直径（APD）	S1	3.89	0.49	0.04	3.82	3.97	2.54	5.07
	S2	3.88	0.48	0.04	3.81	3.95	2.62	5.11
	S3	4.01	0.51	0.04	3.94	4.09	2.68	5.43
	S4	4.07	0.49	0.04	3.99	4.14	2.69	5.45

表 5－2　　不同声信号影响下眼动测试数据的单因素方差分析
（眼动指标为因变量，4 种声信号为自变量）

ANOVA					
	偏差平方和	自由度	均方	F 值	显著性水平
FF	1.46	3	0.49	3.25	0.021
AFT	2.63	3	0.88	4.47	0.004
SF	1.95	3	0.65	0.95	0.418
APD	4.57	3	1.52	6.26	0.000

总体上看，当声信号为 S1 或 S2 时，被试的 AFT 值较高，而 FF、SF 和 APD 较低（图 5－1）。具体来看，当声信号为 S1 时，被试的 FF 为 1.18n/s，显著小于声信号 S3 影响下的 FF（1.27n/s，$p<0.05$）以及声信号 S4 影响下的 FF（1.26n/s，$p<0.05$）；被试的 APD 为 3.89mm，显著小于声信号 S3 影响下的 APD（4.01mm，$p<0.05$）以及声信号 S4 影响下的 APD（4.07mm，$p<0.01$）；被试的 AFT 为 0.86s，显著大于声信号 S3 影响下的 AFT（0.7s，$p<0.01$）以及声信号 S4 影响下的 AFT（0.75s，$p<0.05$）。当声信号为 S2 时，被试的 FF 为 1.18n/s，显著小于

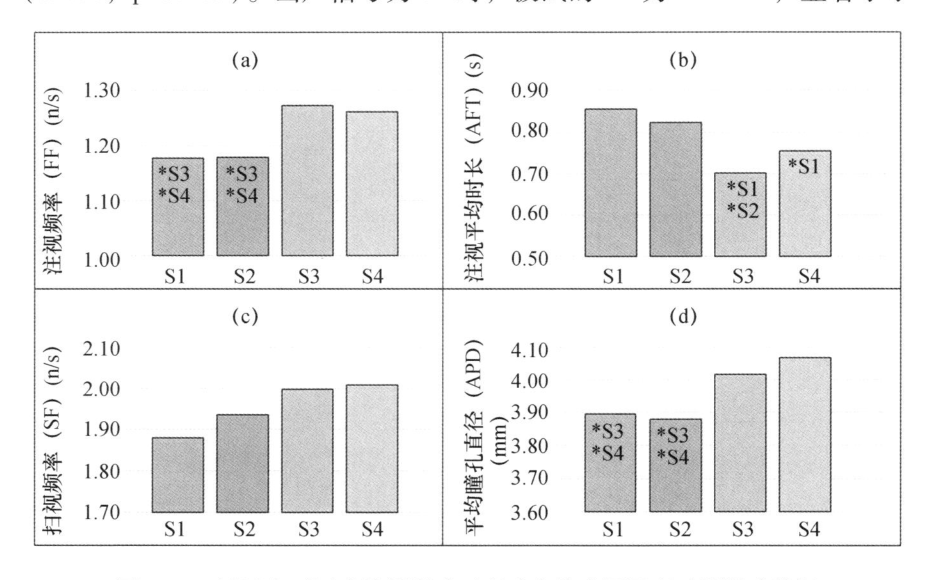

图 5－1　被试在不同声信号影响下观看森林公园景观时的眼动数据
（＊SX 表示该值与声信号 SX 影响下的值具有显著差异）

声信号 S3 影响下的 FF（$p < 0.05$）以及声信号 S4 影响下的 FF（$p < 0.05$）；被试的 APD 为 3.88mm，显著小于声信号 S3 影响下的 APD（$p < 0.01$）以及声信号 S4 影响下的 APD（$p < 0.001$）；被试的 AFT 为 0.82s，显著大于声信号 S3 影响下的 AFT（$p < 0.01$）。

二　声信号类型对主观评价指标的影响

将不同视听场景下的眼动数据与主观评价数据相结合，进行单因素方差分析（one-way ANOVA）。因变量为 2 个主观评价指标（即 VAQ 和 TR），自变量为 4 种声信号（S1、S2、S3、S4）（表 5－3）。结果表明，被试在不同声信号影响下的 VAQ 和 TR 评价有显著性差异（$p < 0.001$）（表 5－4）。

表 5－3　　声信号影响下的主观评价数据

描述性统计								
	声信号	均值	标准差	标准误	95% 置信区间		最小值	最大值
					下限	上限		
视觉美学质量（VAQ）	S1	5.16	1.05	0.08	5.01	5.32	2.00	7.00
	S2	5.11	1.20	0.09	4.93	5.29	1.00	7.00
	S3	4.41	1.18	0.09	4.24	4.59	1.00	7.00
	S4	4.07	1.34	0.10	3.87	4.26	1.00	7.00
宁静度（TR）	S1	5.59	1.04	0.08	5.44	5.74	1.00	7.00
	S2	5.52	1.05	0.08	5.37	5.68	1.00	7.00
	S3	3.53	1.48	0.11	3.31	3.74	1.00	7.00
	S4	2.50	1.42	0.11	2.29	2.71	1.00	7.00

表 5－4　　不同声信号影响下主观评价数据的单因素方差分析（VAQ 和 TR 为因变量，4 种声信号为自变量）

ANOVA					
	偏差平方和	自由度	均方	F 值	显著性水平
VAQ	158.06	3	52.69	36.60	0.000
TR	1271.77	3	423.92	264.50	0.000

总体上，当声信号为 S1 或 S2 时，被试的 VAQ 和 TR 评价值较高（图 5－2）。具体来看，当声信号为 S1 时，被试的 VAQ 评价值为 5.16，显著高于声信号 S3 影响下的 VAQ 评价（评价值 = 4.41，$p < 0.001$）以及声信号 S4 影响下的 VAQ 评价（评价值 = 4.07，$p < 0.001$）；被试的 TR 评价值为 5.59，显著高于声信号 S3 影响下的 TR 评价（评价值 = 3.53，$p < 0.001$）以及声信号 S4 影响下的 TR 评价（评价值 = 2.5，$p < 0.001$）。当声信号为 S2 时，被试的 VAQ 评价值为 5.11，显著高于声信号 S3 影响下的 VAQ 评价（$p < 0.001$）以及声信号 S4 影响下的 VAQ 评价（$p < 0.001$）；被试的 TR 评价值为 5.52，显著高于声信号 S3 影响下的 TR 评价（$p < 0.001$）以及声信号 S4 影响下的 TR 评价（$p < 0.001$）。

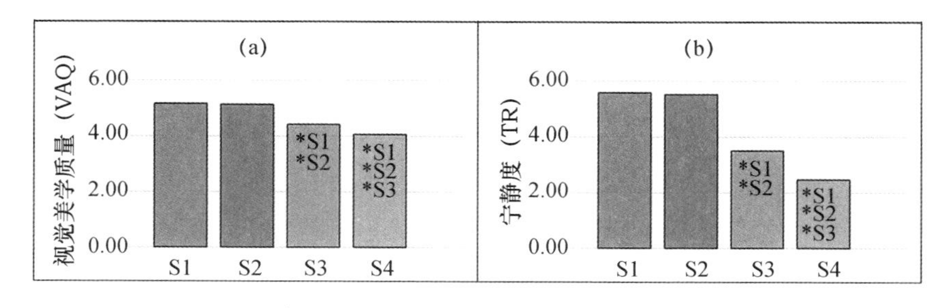

图 5－2 被试在不同声信号影响下观看森林公园景观时的主观评价数据

（＊SX 表示该值与声信号 SX 影响下的值具有显著差异）

三 声信号类型对感知偏好的影响机制

现有文献已经表明，感知的注意力恢复和压力恢复不仅与视觉景观有关，而且与声景特征有关（Zhao 等，2018：169—177；Ratcliffe 等，2013：221—228）。自然的声音，如流水声和鸟鸣声，可以诱发放松和愉悦的状态（Szeremeta & Zannin，2009：6143—6149），并缓解精神压力（Alvarsson 等，2010：1036—1046）。自然背景下的流水声、微风等声音可以与人体内器官产生共振效果，使人体分泌一种荷尔蒙，调节血液流动和神经，让人感到神清气爽（马明、蔡镇钰，2016：66—70）。此外，音乐声能有效地填补森林声环境的空虚与沉寂，为游客所享受（赵警卫等，2015：119—123＋148）。

本研究的结果也在一定程度上支持了上述观点。通过眼动实验，可以发现在S3或S4影响下被试的注视频率（FF）显著高于在S1或S2影响下被试的注视频率［图5－1（a）］，由于被试没有特定的任务，在实验过程中处于自由观看的状态，因此较高的FF反映了被试处理了更多（但不一定有用）信息。结合其他眼动指标进行综合分析，可以发现在S1或S2影响下被试的扫视频率（SF）更低［图5－1（c）］，但注视平均时长（AFT）更高［图5－1（b）］，这表明在S1或S2影响下，被试的兴趣更高，且具有更强的投入度。相比之下，在S3或S4影响下，尽管被试的注视行为更加频繁，但兴趣点并不明确。此外，在S1或S2影响下观看森林公园景观时，被试的平均瞳孔直径（APD）更低［图5－1（d）］，这表明S1（伴随着鸟语虫鸣的流水声）和S2（伴随着寺庙钟声的轻音乐）这两种声信号使被试在产生更强投入感的同时，还显著缓解了被试的心理负荷。环境心理学将人们的注意力分为柔性注意和硬性注意两种类型，柔性注意使人们进入舒适的沉迷与冥想状态，从而缓解心理压力。而硬性注意是一种被动的、强制性的注意力集中，一般发生在工作状态中或过马路等情形中，这种强制性的注意往往使人们产生一种紧张的心理情绪。由此可见，鸟语、虫鸣、流水和轻音乐等声源显然使被试进入了一种柔性沉迷的状态，被试在此状态中具备更高的沉浸度和更低的心理负荷。而家养动物声、人语和交通噪声等声源则使被试产生了强制性的注意力集中，注视行为杂而不专，代表被试处于相对紧张和焦虑的状态之中，而这种状态也不利于心理负荷的缓解。从“情感/唤起”理论来看（Ulrich等，1991：201—230），人们对鸟语、虫鸣、流水等自然声的喜爱基于人类自身机体形成的情绪应激反馈机制，自然环境以及自然环境中的视听特征在长期物种进化中对人类的生存和幸福具有重要意义，并能引起人们快速且积极的情感反应，使之能够克服心理和生理上的疲劳，精神上的压力得到缓解。从注意力恢复理论出发对此进行解释（Kaplan R & Kaplan S，1989；Fredrickson，2004：1367—1377），显然S1（伴随着鸟语虫鸣的流水声）和S2（伴随着寺庙钟声的轻音乐）这两种声信号对被试来说是更加有趣的环境刺激，在S1和S2的影响下被试调动的是间接注意力（involuntary attention），因此被试不再消耗直接注意力，并得以从认知疲劳中得到恢复。而S3（以狗吠为主的家养动物声）和 S4（夹杂着交通声的喧闹声）这两种声信号迫使被试调动了他们的直接注意力（voluntary attention），因此他们在集中注意力的同时心理负荷也显著增加。此外，当被试在 S1 或 S2 影响下观看森林公园景观时对场景的视觉美学质量评价和宁静度评价存在显著的改观[图 5－2（a）和（b）]。也就是说，对于具有相同视觉特征的森林场景而言，鸟语、虫鸣、流水、轻音乐和寺庙钟声等声源的出现显著提高了被试的宁静度感知和视觉美学质量评价。

第三节 相同声环境下被试观看森林公园景观时的心理负荷

上一节已经基于视听综合环境，在整体上分析了各类森林中常见的声信号对被试感知偏好的影响，本节主要考察在相同声信号的影响下，不同森林公园景观对森林旅游者心理负荷的影响差异。

一 基于正面非人为声的影响

在伴随着鸟语虫鸣的流水声（S1）影响下，以眼动指标 APD 为因变量，以森林公园景观类型为自变量进行单因素方差分析（表 5－5、表 5－6），可以发现：在 S1 影响下，被试观看山顶景观时的 APD 最小（APD＝3.64mm），显著小于观看森林草甸（APD＝3.93mm，$p<0.05$）、森林道路（APD＝3.91mm，$p<0.05$）、林下景观（APD＝4.12mm，$p<0.001$）和森林峡谷（APD＝3.93mm，$p<0.05$）时的 APD。显然，当环境声为鸟语、虫鸣和流水等自然声时，在缓解森林旅游者心理负荷方面，以山顶景观效果最佳，其次为森林聚落和森林湖泊，林下景观效果最差（图 5－3）。首先，当需要保护或引入鸟语、虫鸣和流水等自然声时，应优先选择在山顶景观中加以实施，可以保证在相对较低的实施成本下取得最佳的效果，从而实现效益最大化。其次，可以考虑在森林聚落和森林湖泊积极引入正面自然声，可以对减轻森林游客的心理负荷起到良好的效果。相对而言，在林下景观实施该策略对减轻森林游客的心理负荷效果稍差。

表 5－5　　景观类型影响下的 APD 数据（S1）

描述性统计								
	森林公园景观	均值	标准差	标准误	95%置信区间		最小值	最大值
					下限	上限		
APD	森林草甸	3.93	0.46	0.09	3.75	4.12	2.76	4.71
	森林道路	3.91	0.45	0.09	3.72	4.09	2.70	4.75
	森林湖泊	3.88	0.48	0.09	3.68	4.07	2.63	5.07
	森林聚落	3.86	0.46	0.09	3.67	4.04	2.72	4.72
	山顶景观	3.64	0.42	0.08	3.47	3.81	2.54	4.40
	林下景观	4.12	0.53	0.10	3.90	4.33	2.67	4.98
	森林峡谷	3.93	0.54	0.11	3.71	4.15	2.58	5.02

表 5－6　　不同景观类型影响下 APD 的单因素方差分析（S1）
（APD 为因变量，7 类森林公园景观为自变量）

ANOVA					
	偏差平方和	自由度	均方	F 值	显著性水平
APD	3.113	6	0.519	2.255	0.040

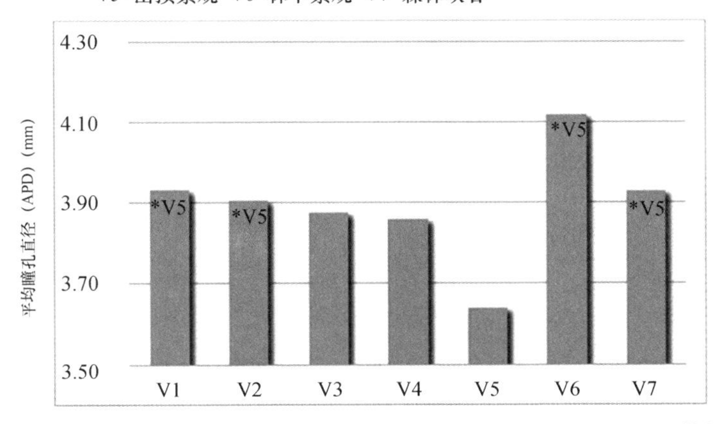

图 5－3　在 S1 影响下被试观看不同类型森林公园景观时的 APD 数据
（＊VX 表示该值与观看景观类型 VX 时的值具有显著差异）

二 基于正面人为声的影响

在伴随着寺庙钟声的轻音乐（S2）影响下，以眼动指标 APD 为因变量，以森林公园景观类型为自变量进行单因素方差分析（表 5－7、表 5－8），可以发现：在 S2 影响下，被试观看山顶景观时的 APD 最小（APD＝3.68mm），显著小于观看森林道路（APD＝3.94mm，$p<0.05$）和林下景观（APD＝4.19mm，$p<0.001$）时的 APD；此外，被试在观看林下景观时的 APD 最大，显著大于观看山顶景观、森林草甸（APD＝3.92mm，$p<0.05$）、森林道路（APD＝3.94mm，$p<0.05$）、森林湖泊（APD＝3.81mm，$p<0.01$）、森林聚落（APD＝3.86mm，$p<0.01$）和森林峡谷（APD＝3.75mm，$p<0.01$）6 种森林公园景观类型时的 APD。显然，当环境声为轻音乐、寺庙钟声等人为声时，在缓解森林旅游者心理负荷方面，以山顶景观效果最佳，其次为森林峡谷、森林湖泊、森林聚落和森林草甸。相对而言，林下景观和森林道路效果最差（图 5－4）。因此，当需要保护或引入轻音乐和寺庙钟声等人为声时，应优先选择在山顶景观中加以实施，可以保证在相对较低的实施成本下取得最佳的效果，从而实现效益最大化。其次，根据对游客心理负荷的缓解效果，可以依次考虑在森林峡谷、森林湖泊、森林聚落和森林草甸等森林环境积极引入正面人为声。相对而言，在林下景观和森林道路实施该策略对减轻森林游客的心理负荷效果不够显著。

表 5－7　　景观类型影响下的 APD 数据（S2）

描述性统计								
	森林公园景观	均值	标准差	标准误	95% 置信区间		最小值	最大值
					下限	上限		
APD	森林草甸	3.92	0.45	0.09	3.74	4.10	2.75	4.88
	森林道路	3.94	0.47	0.09	3.75	4.13	2.67	4.82
	森林湖泊	3.81	0.48	0.09	3.62	4.01	2.62	4.73
	森林聚落	3.86	0.44	0.09	3.68	4.04	2.72	4.66
	山顶景观	3.68	0.41	0.08	3.51	3.84	2.62	4.31
	林下景观	4.19	0.52	0.10	3.99	4.40	2.81	5.11
	森林峡谷	3.75	0.44	0.09	3.57	3.93	2.69	4.49

表5－8　不同景观类型影响下APD的单因素方差分析（S2）
（APD为因变量，7类森林公园景观为自变量）

ANOVA					
	偏差平方和	自由度	均方	F值	显著性水平
APD	4.343	6	0.724	3.440	0.003

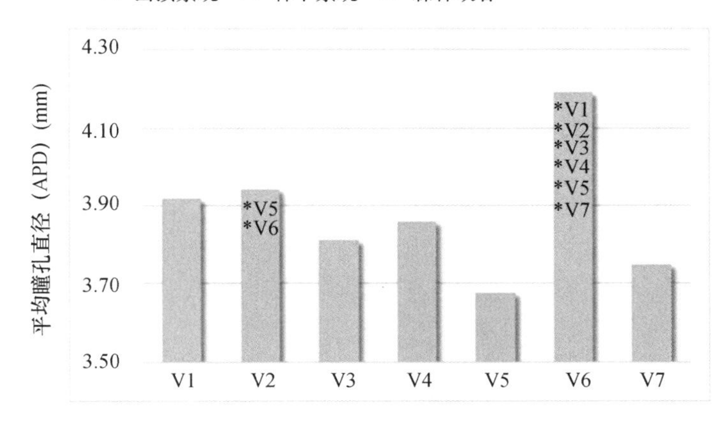

图5－4　在S2影响下被试观看不同类型森林公园景观时的APD数据
（＊VX表示该值与观看景观类型VX时的值具有显著差异）

三　基于负面非人为声的影响

在以狗吠为主的家养动物声（S3）影响下，以眼动指标APD为因变量，以森林公园景观类型为自变量进行单因素方差分析（表5－9、表5－10），可以发现：在S3影响下，被试观看森林峡谷时的APD最小（APD＝3.80mm），显著小于观看森林草甸（APD＝4.10mm，$p<0.05$）、森林道路（APD＝4.14mm，$p<0.05$）和林下景观（APD＝4.32mm，$p<0.001$）时的APD；被试在观看森林湖泊时的APD显著小于观看森林道路（$p<0.05$）和林下景观（$p<0.001$）时的APD；此外，被试在观看林下景观时的APD最大，除显著大于观看森林峡谷、森林湖泊时的APD外，还显著大于观看森林聚落（APD＝3.98mm，$p<0.05$）和山顶景观时的APD（APD＝3.92mm，$p<0.01$）。显然，当环境声为以狗吠为主的家养

动物声这类负面非人为声时，林下景观、森林道路和森林草甸最不利缓解森林旅游者的心理负荷，其次为森林聚落、山顶景观和森林湖泊，而森林峡谷可以最好的从视觉层面上与这类负面声信号共存（图5-5）。因此，当需要消除或屏蔽以狗吠为主的家养动物声等负面非人为声时，应优先选择在林下景观中加以实施，可以保证在相对较低的实施成本下取得最佳的效果，从而实现效益最大化。其次，根据对游客心理负荷的缓解效果，可以依次考虑在森林道路和森林草甸屏蔽负面非人为声。相对而言，由于森林峡谷、森林湖泊等森林环境与负面非人为声的兼容效果较好，在这些森林环境中屏蔽负面非人为声的优先级可以依次推后。

表5-9　景观类型影响下的APD数据（S3）

描述性统计								
	森林公园景观	均值	标准差	标准误	95% 置信区间		最小值	最大值
					下限	上限		
APD	森林草甸	4.10	0.52	0.10	3.89	4.31	2.79	4.96
	森林道路	4.14	0.51	0.10	3.93	4.34	2.83	4.93
	森林湖泊	3.84	0.45	0.09	3.66	4.02	2.68	4.98
	森林聚落	3.98	0.49	0.10	3.78	4.18	2.76	4.84
	山顶景观	3.92	0.47	0.09	3.73	4.11	3.11	5.10
	林下景观	4.32	0.55	0.11	4.10	4.54	2.87	5.43
	森林峡谷	3.80	0.44	0.09	3.62	3.98	2.75	4.85

表5-10　不同景观类型影响下APD的单因素方差分析（S3）
（APD为因变量，7类森林公园景观为自变量）

ANOVA					
	偏差平方和	自由度	均方	F值	显著性水平
APD	5.357	6	0.893	3.711	0.002

四　基于负面人为声的影响

在夹杂着交通声的喧闹声（S4）影响下，以眼动指标APD为因变量，以森林公园景观类型为自变量进行单因素方差分析（表5-11、

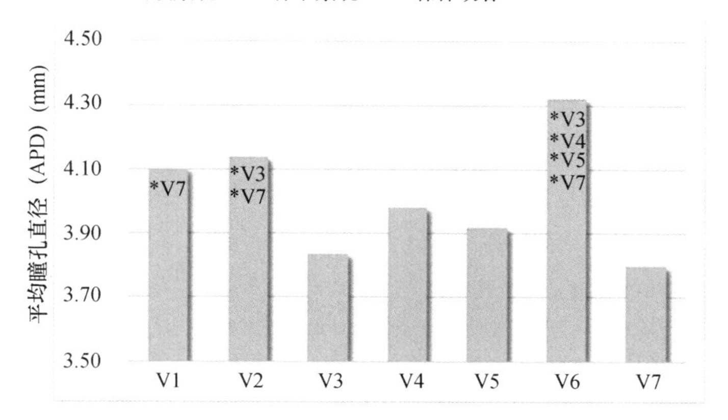

图 5－5　在 S3 影响下被试观看不同类型森林公园景观时的 APD 数据

（＊VX 表示该值与观看景观类型 VX 时的值具有显著差异）

表 5－12），可以发现：在 S4 影响下，被试观看森林草甸时的 APD 最大（APD＝4.35mm），显著大于观看森林道路（APD＝3.96mm，$p<0.01$）、森林湖泊（APD＝3.94mm，$p<0.01$）、山顶景观（APD＝3.94mm，$p<0.01$）、林下景观（APD＝4.05mm，$p<0.05$）和森林峡谷（APD＝3.95mm，$p<0.01$）时的 APD；其次为森林聚落（APD＝4.27mm），被试观看森林聚落时的 APD 显著大于森林道路（$p<0.05$）、森林湖泊（$p<0.05$）、山顶景观（$p<0.05$）和森林峡谷（$p<0.05$）时的 APD。显然，当环境声为交通噪声、喧闹声等负面人为声时，身处森林草甸和森林聚落的游客心理负荷较大。相对而言，林下景观、森林道路、森林峡谷、山顶景观和森林湖泊均可以较好地从视觉层面上与这类负面声信号共存（图 5－6）。因此，当需要消除或屏蔽交通噪声、喧闹声等负面人为声时，应优先选择在森林草甸和森林聚落等森林环境中加以实施，可以保证在相对较低的实施成本下取得最佳的效果，从而实现效益最大化。相对而言，由于森林道路、森林湖泊、山顶景观、林下景观和森林峡谷等森林环境与负面人为声的兼容效果较好，因此在这些森林环境中屏蔽负面人为声的优先级可以依次推后。

表 5－11　　　　景观类型影响下的 APD 数据（S4）

描述性统计								
	森林公园景观	均值	标准差	标准误	95% 置信区间		最小值	最大值
					下限	上限		
APD	森林草甸	4.35	0.51	0.10	4.15	4.56	3.07	5.45
	森林道路	3.96	0.46	0.09	3.78	4.15	2.85	4.97
	森林湖泊	3.94	0.52	0.10	3.73	4.15	2.72	4.96
	森林聚落	4.27	0.42	0.08	4.10	4.44	3.38	5.26
	山顶景观	3.94	0.40	0.08	3.78	4.10	3.27	4.81
	林下景观	4.05	0.48	0.09	3.85	4.24	2.88	4.78
	森林峡谷	3.95	0.52	0.10	3.74	4.16	2.69	4.74

表 5－12　　不同景观类型影响下 APD 的单因素方差分析（S4）
（APD 为因变量，7 类森林公园景观为自变量）

ANOVA					
	偏差平方和	自由度	均方	F 值	显著性水平
APD	4.721	6	0.787	3.484	0.003

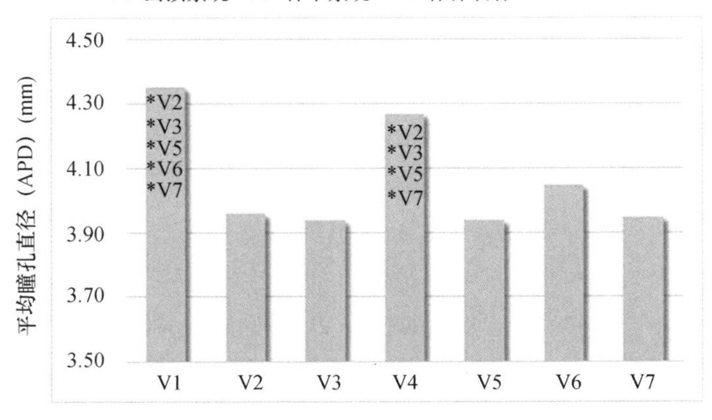

图 5－6　在 S4 影响下被试观看不同类型森林公园景观时的 APD 数据
（＊VX 表示该值与观看景观类型 VX 时的值具有显著差异）

第四节　景观类型对眼动指标及主观评价维度的影响

一　景观类型对眼动指标的影响

与第五章第一节相同，将不同视听场景下的眼动数据相结合，进行单因素方差分析（one-way ANOVA）。因变量仍为四个眼动指标（即 FF、AFT、SF 和 APD），自变量替换为 7 种森林公园景观类型（森林草甸、森林道路、森林湖泊、森林聚落、山顶景观、林下景观、森林峡谷）（表 5－13）。结果表明，被试在观看不同景观类型时的 APD 存在显著差异（$p<0.001$），而 FF、AFT 和 SF 值无显著差异（表 5－14）。

表 5－13　　景观类型影响下的眼动测试数据

描述性统计								
	森林公园景观	均值	标准差	标准误	95% 置信区间		最小值	最大值
					下限	上限		
注视频率（FF）	森林草甸	1.26	0.39	0.04	1.19	1.34	0.30	2.15
	森林道路	1.20	0.39	0.04	1.12	1.27	0.45	2.55
	森林湖泊	1.32	0.36	0.04	1.25	1.39	0.40	2.10
	森林聚落	1.19	0.38	0.04	1.11	1.26	0.15	2.10
	山顶景观	1.21	0.41	0.04	1.13	1.29	0.30	2.37
	林下景观	1.16	0.38	0.04	1.09	1.24	0.20	1.95
	森林峡谷	1.21	0.38	0.04	1.13	1.28	0.20	2.05
注视平均时长（AFT）	森林草甸	0.77	0.48	0.05	0.67	0.86	0.24	3.54
	森林道路	0.81	0.43	0.04	0.73	0.89	0.23	2.37
	森林湖泊	0.70	0.36	0.03	0.63	0.77	0.31	2.33
	森林聚落	0.79	0.37	0.04	0.71	0.86	0.26	2.78
	山顶景观	0.83	0.57	0.06	0.72	0.95	0.26	4.03
	林下景观	0.81	0.44	0.04	0.72	0.89	0.23	2.83
	森林峡谷	0.78	0.44	0.04	0.69	0.87	0.22	2.87

续表

描述性统计								
	森林公园景观	均值	标准差	标准误	95%置信区间		最小值	最大值
					下限	上限		
扫视频率（SF）	森林草甸	2.03	0.84	0.08	1.86	2.19	0.50	4.75
	森林道路	1.90	0.84	0.08	1.74	2.06	0.55	5.15
	森林湖泊	2.05	0.74	0.07	1.90	2.19	0.30	3.60
	森林聚落	1.87	0.78	0.08	1.72	2.03	0.15	4.75
	山顶景观	1.92	0.86	0.08	1.75	2.08	0.43	4.40
	林下景观	1.95	0.92	0.09	1.77	2.13	0.15	4.90
	森林峡谷	1.97	0.81	0.08	1.81	2.13	0.25	4.55
平均瞳孔直径（APD）	森林草甸	4.08	0.51	0.05	3.98	4.18	2.75	5.45
	森林道路	3.99	0.47	0.05	3.89	4.08	2.67	4.97
	森林湖泊	3.87	0.48	0.05	3.77	3.96	2.62	5.07
	森林聚落	3.99	0.48	0.05	3.90	4.08	2.72	5.26
	山顶景观	3.79	0.44	0.04	3.71	3.88	2.54	5.10
	林下景观	4.17	0.52	0.05	4.07	4.27	2.67	5.43
	森林峡谷	3.86	0.49	0.05	3.76	3.95	2.58	5.02

表5-14　不同景观类型影响下眼动测试数据的单因素方差分析（眼动指标为因变量，7类森林公园景观为自变量）

ANOVA					
	偏差平方和	自由度	均方	F值	显著性水平
FF	1.85	6	0.31	2.06	0.056
AFT	1.11	6	0.18	0.93	0.475
SF	2.62	6	0.44	0.63	0.702
APD	11.11	6	1.85	7.87	0.000

总体上，被试在观看山顶景观时的APD最低，在观看林下景观、森林草甸、森林道路和森林聚落时的APD最高（图5-7）。具体而言，被试在观看林下景观时的APD为4.17mm，显著大于观看森林道路（APD=3.99mm，$p<0.01$）、森林湖泊（APD=3.87mm，$p<0.001$）、森林聚落（APD=3.99mm，$p<0.01$）、山顶景观（APD=3.79mm，$p<0.001$）和森林峡谷（APD=

3.86mm，$p<0.001$）森林公园景观时的APD；被试在观看森林草甸时的APD为4.08mm，显著大于观看森林湖泊（$p<0.01$）、山顶景观（$p<0.001$）和森林峡谷（$p<0.001$）时的APD；被试在观看森林聚落时的APD显著大于观看山顶景观（$p<0.01$）和森林峡谷（$p<0.05$）时的APD；被试在观看森林道路时的APD显著大于观看山顶景观（$p<0.01$）时的APD。

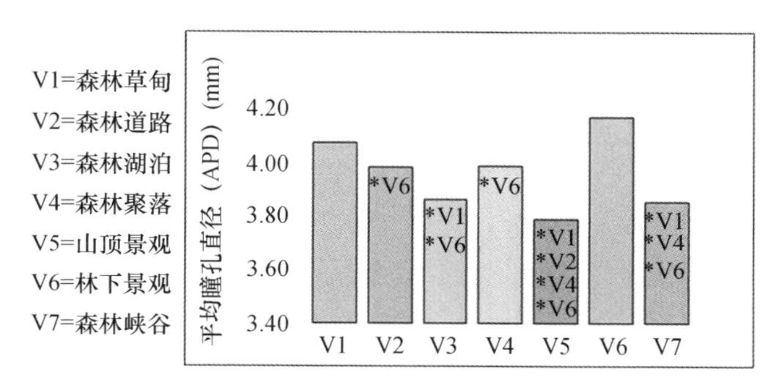

图5-7　被试观看不同类型森林公园景观时的眼动数据

（*VX表示该值与观看景观类型VX时的值具有显著差异）

二　景观类型对主观评价指标的影响

与第五章第二节相同，将不同视听场景下的眼动数据与主观评价数据相结合，进行单因素方差分析（one-way ANOVA）。因变量仍为两个主观评价指标（即VAQ和TR），自变量替换为7种森林公园景观类型（森林草甸、森林道路、森林湖泊、森林聚落、山顶景观、林下景观、森林峡谷）（表5-15）。结果表明，被试在观看不同景观类型时的VAQ和TR评价存在显著差异（$p<0.001$；$p<0.01$）（表5-16）。

表5-15　　景观类型影响下的主观评价数据

描述性统计								
	森林公园景观	均值	标准差	标准误	95%置信区间		最小值	最大值
					下限	上限		
视觉美学质量（VAQ）	森林草甸	4.46	1.13	0.11	4.24	4.68	2.00	7.00
	森林道路	4.14	1.23	0.12	3.90	4.38	1.00	6.00

续表

描述性统计								
	森林公园景观	均值	标准差	标准误	95%置信区间		最小值	最大值
					下限	上限		
视觉美学质量（VAQ）	森林湖泊	5.26	1.36	0.13	5.00	5.52	1.00	7.00
	森林聚落	4.38	1.41	0.14	4.10	4.65	1.00	7.00
	山顶景观	4.71	1.17	0.11	4.48	4.94	2.00	7.00
	林下景观	5.05	1.14	0.11	4.83	5.27	1.00	7.00
	森林峡谷	4.82	1.19	0.12	4.59	5.05	1.00	7.00
宁静度（TR）	森林草甸	4.17	1.66	0.16	3.85	4.50	1.00	7.00
	森林道路	3.73	1.77	0.17	3.39	4.08	1.00	7.00
	森林湖泊	4.27	2.03	0.20	3.87	4.66	1.00	7.00
	森林聚落	4.23	1.95	0.19	3.85	4.61	1.00	7.00
	山顶景观	4.74	1.75	0.17	4.40	5.08	1.00	7.00
	林下景观	4.42	1.69	0.17	4.09	4.75	1.00	7.00
	森林峡谷	4.42	1.82	0.18	4.07	4.78	1.00	7.00

表5-16 不同景观类型影响下主观评价数据的单因素方差分析（VAQ和TR为因变量，7类森林公园景观为自变量）

ANOVA					
	偏差平方和	自由度	均方	F值	显著性水平
VAQ	95.54	6	15.92	10.39	0.000
TR	59.11	6	9.85	2.99	0.007

总体上，被试对森林湖泊和林下景观的VAQ评价最高，对山顶景观和林下景观的TR评价最高，而对森林道路、森林草甸和森林聚落的VAQ和TR评价最低（图5-8）。具体而言，被试对森林湖泊的VAQ评价最高（VAQ=5.26），显著高于森林草甸（VAQ=4.46，$p<0.001$）、森林道路（VAQ=4.14，$p<0.001$）、森林聚落（VAQ=4.38，$p<0.001$）、山顶景观（VAQ=4.71，$p<0.01$）和森林峡谷（VAQ=4.82，$p<0.05$）；对林下景观的VAQ评价（VAQ=5.05）显著高于森林草甸（$p<0.05$）、森林道路（$p<0.001$）和森林聚落（$p<0.001$）；对山顶景观的

VAQ 评价显著高于森林道路（$p < 0.01$）。

被试对山顶景观的 TR 评价最高（TR = 4.74），显著高于森林草甸（TR = 4.17，$p < 0.05$）、森林道路（TR = 3.73，$p < 0.001$）和森林聚落（TR = 4.23，$p < 0.05$）；被试对森林道路的 TR 评价最低，除了低于山顶景观外，还显著低于森林湖泊（TR = 4.27，$p < 0.05$）、森林聚落（TR = 4.23，$p < 0.05$）、林下景观（TR = 4.42，$p < 0.01$）和森林峡谷（TR = 4.42，$p < 0.01$）。

三　景观类型对感知偏好的影响机制

在视听综合环境中，被试对森林道路、森林草甸和森林聚落的 VAQ 评价和 TR 评价最低（图 5 - 8），这是三种人工化程度最高的森林公园景观类型。这说明中国游客认为森林中的自然景观比人工景观更美，并且认为人工化程度高的景观类型往往会伴随着更多的噪声。

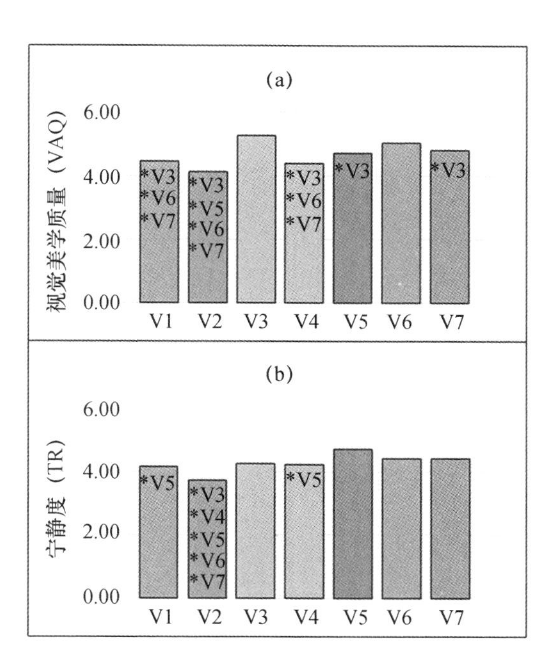

图 5 - 8　被试观看不同类型森林公园景观时的主观评价数据

（ * VX 表示该值与观看景观类型 VX 时的值具有显著差异）

被试在观看山顶景观时的 APD 最低（图 5 -7），这表明与其他森林公园景观类型相比，被试在观看视野最为开阔的山顶景观时心理负荷最小。进一步结合被试在各种声信号影响下观看山顶景观时的 APD 加以分析（图 5 -9），可以发现当山顶景观与 S1 或 S2 相结合时，被试的 APD 显著降低。因此，山顶景观与 S1、S2 相结合可以最大限度降低被试的心理负荷，缓解被试的心理压力。

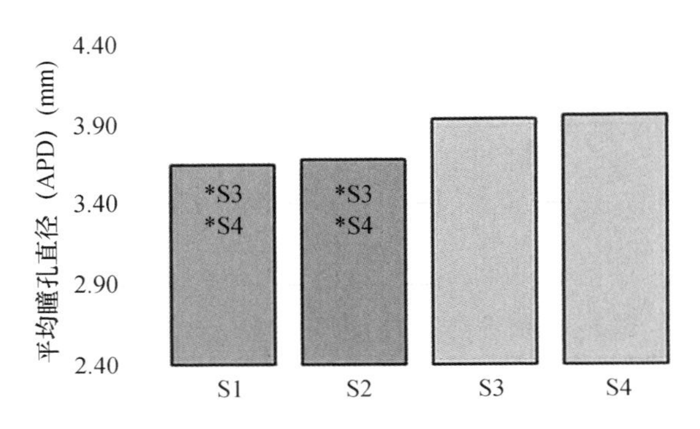

图 5 -9　被试在不同声信号影响下观看山顶景观时的 APD
（＊SX 表示该值与声信号 SX 影响下的值具有显著差异）

相比之下，被试在观看林下景观时的 APD 最高（图 5 -7），这表明，与其他森林公园景观类型相比，被试在观看植被茂密的林下景观时心理负荷最大。进一步结合被试在各种声信号影响下观看林下景观时的 APD 加以分析（图 5 -10），可以发现当林下景观与 S1、S2 或 S3 相结合时，受试者的 APD 较高；而当林下景观与 S4 相结合时，受试者的 APD 降低。这与之前部分学者在城市公共空间进行的研究结果形成了对比：在城市中，鸟语、音乐声和高密度的绿色植物都被证明可以有效地减少噪声烦恼，减轻居民的心理压力（Van Renterghem & Botteldooren，2016：203—215；Zhao 等，2018：169—177；Nordh 等，2011：95—103）。然而，这一机制似乎并不适用于森林中的林下景观。一种可能的解释是，城市公共空间往往经过精心设计，并由建成区紧密围合，并不会给城市居民带来心理上不安全感，反而为那些厌恶城市高密度、快节奏生活的城市居民提供了喘息的机会。但森林公园景观属于自然景观，荒野属性仍然是森林公园景观区别于城市景观的最基本特征，而林下景观又是森林中结构最复杂、也最原始的景观类型。根据“瞭望—庇护”理论（Appleton，1975），林下景观既不具有避难功能，也不具有广阔的观察视野，而属于人类身心体验中具有潜在危险的环境。因此，当人们置身于林下景观时，不自觉地产生一种自我保护的意识，他们的心理负荷不会因为鸟儿的细语、枝叶的窸窣、昆虫的啁啾、轻音乐或遥远的钟鸣而减轻，高郁闭度的野生植物伴随着这些声音所营造出的氛围或许更加剧了被试内心深处的紧张情绪。这时，人语声的出现反倒在一定程度上增加了林下景观的安全感，降低了参与者的心理负荷。

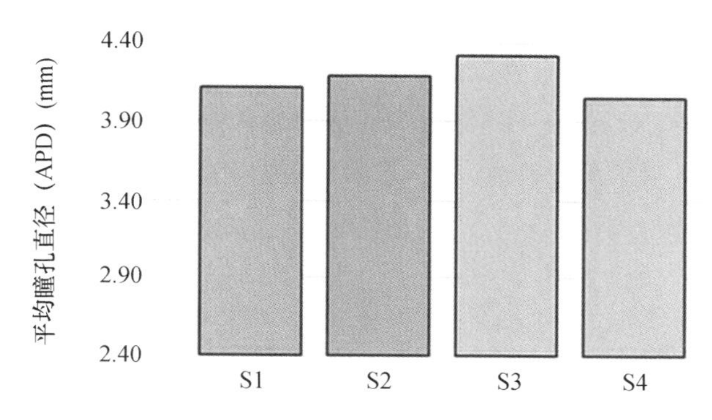

图 5－10　被试在不同声信号影响下观看林下景观时的 APD

此外，被试在观看森林草甸或森林聚落时的 APD 较高（图 5－7），表明与其他森林公园景观类型相比（除林下景观外），被试在观看森林草甸或森林聚落时的心理负荷更大。进一步结合被试在各种声信号影响下观看森林草甸或森林聚落时的 APD 加以分析（图 5－11 和图 5－12），可以发现当森林草甸或森林聚落与 S4 结合时，受试者的 APD 显著增加并具有最高的均值水平。结果表明，身处森林草甸之中和俯瞰森林聚落时，夹杂着交通声的喧闹声明显增加了参与者的心理负荷，这可能是由于中国游客的行为习惯和文化认知导致的：森林公园大面积的草甸空间通常是游客露营、休息和进行私密交谈的地方。当游客选择一个位置坐下时，他们的领地意识会增强，而夹杂着交通声的喧闹声代表着陌生人的入侵，从而会在一定程度上增加他们的心理负荷。此外，中国游客常把群山环抱的森林聚落视为远离城市的“桃花源”，但当夹杂着交通声的喧闹声出现时，会使他们很自然地将眼前的景象与过度开发、城市化等问题联系在一起，从而引发他们的不满情绪。

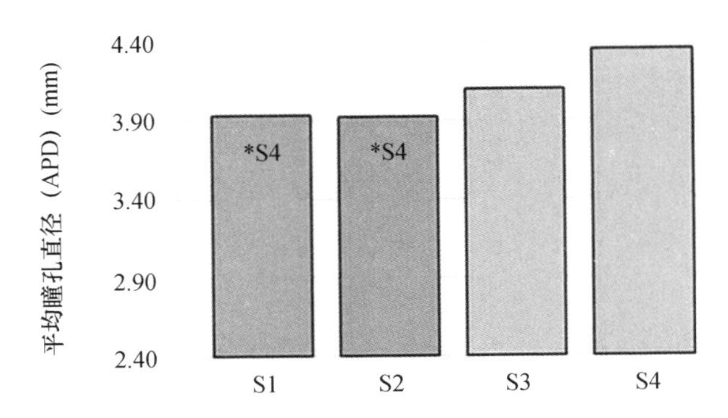

图 5－11 被试在不同声信号影响下观看森林草甸时的 APD
（＊SX 表示该值与声信号 SX 影响下的值具有显著差异）

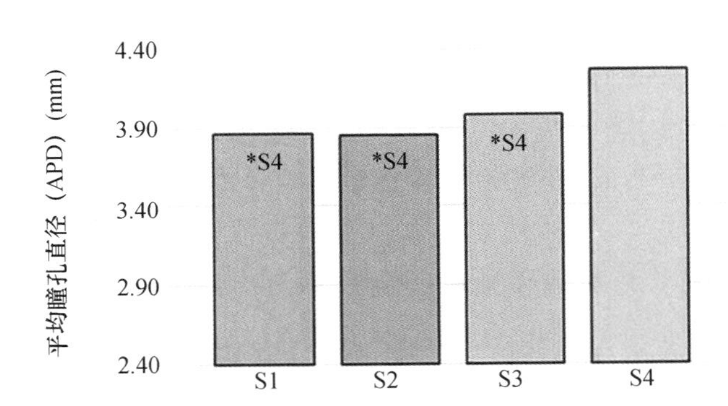

图 5－12 被试在不同声信号影响下观看森林聚落时的 APD
（＊SX 表示该值与声信号 SX 影响下的值具有显著差异）

第五节 眼动指标与主观评价维度的相关性分析

一 眼动指标的相关性分析及主成分提取

本研究中考察了多项眼动指标，通过皮尔逊相关分析（Pearson correlation analysis）发现，眼动指标之间存在显著的相关性（表 5－17）。因此，采用主成分分析法（Principal Components Analysis，PCA）对所有的眼动指标进行整合。Kaiser-Meyer-Olkin 指数为0.716，表明数据满足 PCA 要求。通过主成分分析，得到两个公因子，两个共同因素的累积贡献率分别为63.374%和88.743%，解释程度优异。从主成分矩阵可以看出（表5-18），第一主成分（F1）与FF和SF呈正相关，与AFT呈负相关。FF、SF和AFT这三个指标共同反映了被试的投入度：当被试更投入时，他们具有更高的平均注视时长，而注视频率和扫视频率相应地降低。因此，第一主成分可以被定义为投入度。第二主成分（F2）与APD呈正相关。APD越小，被试的心理负荷越小，因此，第二主成分可以被定义为心理负荷程度。

表5-17　眼动指标的相关性分析（表内数字为皮尔逊相关系数）

Pearson correlation analysis				
	FF	AFT	SF	APD
FF	1			
AFT	-0.759 **	1		
SF	0.839 **	-0.703 **	1	
APD	-0.024	0.083 *	0.061	1

* $p<0.05$；** $p<0.01$。

表5-18　眼动指标的主成分矩阵（表内数字为因子载荷）

PCA		
眼动指标	主成分矩阵	
	F1	F2
FF	0.944	0.005
AFT	-0.890	0.091
SF	0.922	0.111
APD	-0.026	0.997

二　眼动指标与主观评价维度的相关性分析

值得注意的是，被试在观看林下景观时有较高的心理负荷，但林下景观在 VAQ 和 TR 评价中却仍然得分较高，这反映了眼动指标和主观评价维度之间的差异。因此，在完成眼动指标的主成分提取后，对 F1、F2、VAQ 和 TR 进行皮尔逊相关分析（表 5 - 19）。结果表明，虽然 F1 与 TR 呈显著负相关，F2 与 VAQ、TR 也均呈显著负相关，但由于相关系数较小（$R<0.2$），所以可以认为眼动指标与 VAQ、TR 的相关性很微弱，属于不同的评价维度。眼动指标揭示了人作为自然生物对环境的本能判断，而 VAQ 和 TR 得分则是评价者进行了一系列认知加工之后的产物，因为评价者在评估过程中权衡了评价对象的组成、形式、色彩、纹理甚至生态属性，必然结合了后天的学习经验和价值观。显然，林下景观可以是美丽的或宁静的，但并不一定是使人放松的。此外，VAQ 与 TR 呈显著正相关（$R=0.552$），说明视觉美学质量评价与宁静度评价在评价结果上存在一定的知觉重叠。

表 5 - 19　眼动指标与主观评价维度的相关性分析（表内数字为皮尔逊相关系数）

Pearson correlation analysis				
	F1	F2	VAQ	TR
F1	1			
F2	0.000	1		
VAQ	0.018	-0.086 *	1	
TR	-0.083 *	-0.119 **	0.552 **	1

* $p<0.05$；** $p<0.01$。

本章主要在视听综合环境中，通过眼动实验和问卷调查，同时测量、挖掘和分析被试的主观心理感知和眼动行为特征。总体来说，保护或引入鸟鸣、虫鸣、流水等宁静的自然声源，以及轻音乐、寺庙钟声等悠扬的人为声源，可以有效提高森林游客的游览兴趣，降低游客的心理负荷，同时有助于提高森林景观的视觉美学质量和宁静度。

此外，还需要根据景观的具体特点，合理有效地配置声音。对于山顶景观来说，应尽量屏蔽家养动物声、喧闹声和交通噪声等负面声源，突出鸟语、虫鸣和流水声等安静的自然声源，同时引入轻音乐、寺庙钟声等积极的人为声源，最大限度地保证森林游客的轻松和舒适。对于林下景观而言，人语声可以比鸟语、虫鸣、轻音乐等正面声源更有利于缓解森林游客的心理负荷。这与之前部分学者在城市公共空间进行的研究结果形成了对比：在城市中，鸟语、音乐声和高密度的绿色植物都被证明可以有效减轻居民的心理压力。然而，这一机制似乎并不适用于森林中的林下景观。一种可能的解释是，城市公共空间往往经过精心设计，并由建成区紧密围合，并不会给城市居民带来心理上不安全感。但森林景观属于自然景观，荒野属性仍然是区别于城市景观的最基本特征，而林下景观又是森林中结构最复杂、也最原始的景观类型。根据“瞭望—庇护”理论，林下景观既不具有避难功能，也不具有广阔的观察视野，而属于人类身心体验中具有潜在危险的环境。因此，当人们置身于林下时，不自觉地产生一种自我保护的意识，他们的心理负荷不会因为鸟儿的细语、枝叶的窸窣、昆虫的啁啾、轻音乐或遥远的钟鸣而减轻，高郁闭度的野生植物伴随着这些声音所营造出的氛围或许更加剧了被试内心深处的紧张情绪。这时，人语声的出现反倒在一定程度上增加了林下景观的安全感，降低了参与者的心理负荷。因此，在不破坏森林生态环境的前提下，适当地在林下创造人类活动和人语声，可以减少由于身处神秘的野外环境而产生的心理不安定感。对于森林草甸和森林聚落而言，喧闹声和交通噪声会显著增加森林游客的心理负荷。因此，在这些森林环境中应加强引导人流和控制机动车出入，以便为游客营造安静、轻松的休闲体验，满足中国游客的行为习惯和文化认知。

值得注意的是，被试在观看林下景观时有较高的心理负荷，但林下景观在VAQ和TR评价中却仍然得分较高，这反映了眼动指标和主观评价维度之间的差异。眼动指标揭示了人作为自然生物对环境的本能判断，而VAQ和TR评分则是评价者进行了一系列认知加工之后的产物，必然结合了后天的学习经验和价值观。显然，主观评价中美丽或宁静的景观，并不一定是能够使人在生理上得以放松的景观。

第六章

视听综合环境下景观要素与感知偏好的交互作用

第一节　问题梳理

在上一章中主要分析了在不同森林视听场景中被试感知偏好的差异以及眼动指标与主观评价维度的相关性。本章将进一步探讨在不同森林视听场景中被试对具体景观要素的关注特征，以及特定景观要素对被试眼动指标和心理恢复的影响。在研究方法上，引入在眼动追踪实验中生成的眼动热点图，并对热点图中的各类景观要素进行面积统计。通过数据处理和统计分析，不仅可以调查参与者对景观场景的总体偏好，而且还能够直观地分析参与者对具体景观要素的关注特征，并进一步探讨热点图中景观要素与眼动指标和主观评价维度之间的关系。

鉴于以上讨论，本章节的主要研究问题如下：

（1）考察被试在纯视觉条件下以及不同声音信号影响下总注视热区面积的差异。

（2）考察被试在不同声信号影响下对眼动热点图中各类景观要素关注面积的差异。

（3）探讨在不同的视听综合环境中，具体森林公园景观要素对被试感知偏好以及心理恢复的影响。

第二节　热点图的设置与统计

根据森林公园景观的组成特点并借鉴先前研究中对景观要素的考察

方式，将森林公园景观中的景观要素分为前景木本植物、中景木本植物、远景木本植物、草本植物、人工建筑物与构筑物、水体、天空、岩石、道路和人类。根据 Shafer 和 Brush（1977：237—256）的定义：在景观图片中，前景木本植物的树叶和树皮都清晰可见且容易区分；中景木本植物形状鲜明，边界清晰，但枝叶的质地等细节较为模糊；远景木本植物由于距离很远，因此形状和质地都已无法区分；水体则包括湖泊、溪流和池塘等形式。此外，人工建筑物与构筑物是指具有生产、居住功能的建筑物，以及路灯、栏杆、雕塑、亭台楼阁等景观小品；道路则包括所有形式的公路、游步道和小径。

为了建立景观要素与眼动指标（FF、AFT、SF、APD）和主观评价指标（VAQ、TR）之间的影响模型，需要对眼动热点图中注视热区内各景观要素的面积进行分类统计。具体的统计方法如下：首先，在 ErgoLAB 人机交互平台中将眼动实验中生成的热点图进行参数设置，将注视热区的呈现类型设置为“Duration”，将注视热区颜色的呈现规模设置为“Auto”，将注视热区的呈现半径设置为默认值 5.0%，不透明度设置为 75% [图 6－1（a）]。其次，将热点图的表现样式设置为“contour”，其中红色轮廓内表示被试最频繁、最密集的观测区域，黄色轮廓内表示被试中等频繁和密集的观测区域，而绿色轮廓内则是被试观测频率最低和最不密集的区域 [图 6－1（b）]。再次，将导出的热点图在 Photoshop 软件中将图像分辨率设置为每英寸 120 像素，后对热点图进行网格化处理，得到每个网格的面积为 25 像素（5×5）[图 6－2（a）]。最后，计算红色轮廓内（最频繁和最密集观察区域）每个景观要素所占的网格面积，并将计算出的面积单位由像素转换为平方英寸 [图 6－2（b）]，以便对数据进行进一步的统计分析。

由于每位被试观看了 35（7×5）个场景（包括 7 个无声场景和 28 个视听综合场景），因此，需要对 910（35×26）张热点图进行景观要素面积的计算。其中，在纯视觉条件下共生成 182 张热图（7×26），在视听综合环境下共生成 728 张热图（4×182）。

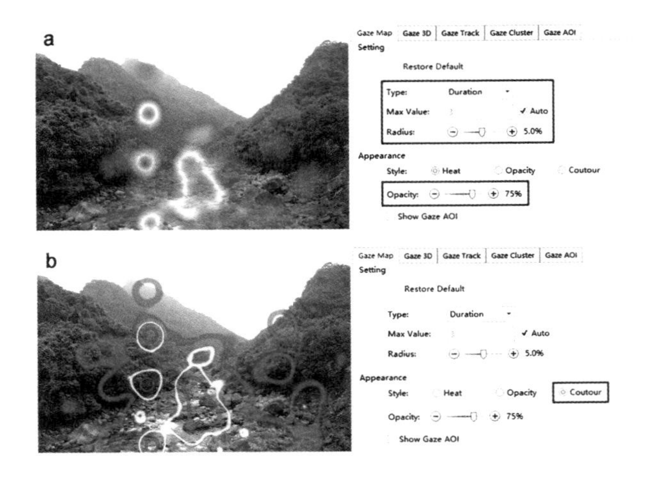

图6-1 眼动热点图的参数设置

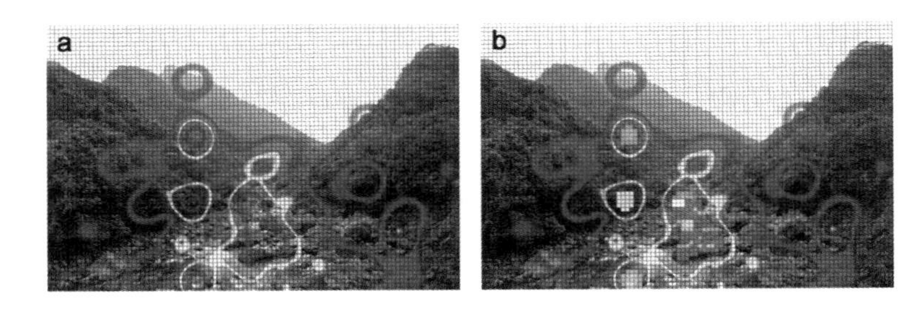

图6-2 眼动热点图中森林公园景观要素的统计（在图b中，不同色块表示在被试最频繁和最密集的观测区域内，不同景观要素占据的网格数）

第三节 景观要素对感知偏好的影响

一 无声与有声环境下眼动热点图中总注视热区的差异

以不同的声环境刺激为自变量，以热图中的总注视热区的为因变量，进行单因素方差分析（one-way ANOVA）（表6-1）。结果表明，无声与有声环境下眼动热点图中总注视热区的面积存在显著差异（表6-2）。具体来看（图6-3），在纯视觉条件下被试的总注视热区（0.032sq. in.）明显小于视听综合环境下被试的总注视热区（$p<0.01$）。此外，对于视听综合环境而言，在S1（伴随着鸟语虫鸣的流水声）影响下被试的总注

视热区（0.049 sq. in.）显著小于在S4（夹杂着交通声的喧闹声）影响下被试的总注视热区（0.058 sq. in.，$p < 0.05$）；在S2（伴随着寺庙钟声的轻音乐）影响下被试的总注视热区（0.043 sq. in.）显著小于在S3（以狗吠为主的家养动物声）影响下被试的总注视热区（0.051 sq. in.，$p < 0.05$）和S4（夹杂着交通声的喧闹声）影响下被试的总注视热区（$p < 0.001$）。

表6－1　　声信号影响下的总注视热区面积

描述性统计								
	声信号	均值	标准差	标准误	95%置信区间		最小值	最大值
					下限	上限		
总注视热区面积	S0	0.032	0.025	0.002	0.029	0.036	0.000	0.132
	S1	0.049	0.041	0.003	0.043	0.054	0.007	0.271
	S2	0.043	0.032	0.002	0.039	0.048	0.007	0.198
	S3	0.051	0.040	0.003	0.046	0.057	0.010	0.205
	S4	0.058	0.047	0.003	0.051	0.065	0.009	0.238

表6－2　声信号影响下眼动热点图中总注视热区的单因素方差分析结果（眼动热点图中的总注视热区为因变量，不同的声环境刺激为自变量）

ANOVA					
	偏差平方和	自由度	均方	F值	显著性水平
总注视热区面积	0.068	4	0.017	12.101	0.000

现有文献表明，对于乡村环境而言，在没有声信号刺激的情况下，旅游者的注意力区域更为集中（任欣欣，2016）。本研究以森林公园景观为研究对象，也在一定程度上支持了上述结论。对于森林公园景观，被试在纯视觉条件下的总注视热区要小于在视听综合条件下的总注视热区。这可能是由于在无声条件下被试缺乏相关声信号的引导，因此观测目标并不明确，其注视行为受到更多的约束，注视点在水平和垂直方向的延展较少。对于视听综合环境而言，在伴随着鸟语虫鸣的流水声和伴随着寺庙钟声的轻音乐影响下被试的总注视热区，

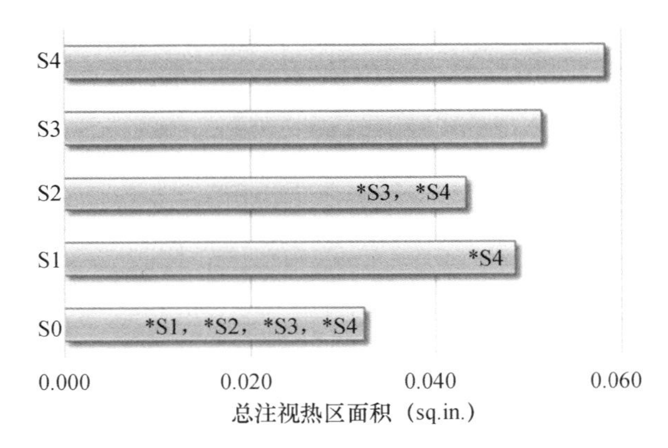

图6－3 被试在不同声信号刺激下观看森林公园景观时的总注视热区面积
（＊SX 表示该值与声信号 SX 影响下的值具有显著差异）

显著小于家养动物声、游客嘈杂声和交通噪声影响下被试的总注视热区，这意味着家畜声或人语交通噪声会莫名增加被试的紧张感，从而迫使被试对环境产生更大（但不一定情愿）的关注，进行范围更广的搜索。相对而言，在鸟语、虫鸣、潺潺流水、轻音乐和寺庙钟声等声环境中，被试的情绪较为沉静，其注意力分布也趋于稳定。

二 不同声信号影响下被试对景观要素关注的差异

以4种声信号为自变量，以眼动热点图中景观要素的注视热区为因变量，进行单因素方差分析（one-way ANOVA）（表6－3）。结果表明，在不同声信号的影响下，被试对前景木本植物、人工建筑物与构筑物、草本植物三种景观要素的关注面积存在显著差异（表6－4）。具体来说，在S1的影响下，被试对前景木本植物的关注面积最大（0.009 sq. in.），显著大于被试在S2（0.005 sq. in.，$p<0.05$）、S3（0.005 sq. in.，$p<0.01$）、S4（0.006 sq. in.，$p<0.05$）影响下对前景木本植物的关注面积（图6－4）；在S4的影响下，被试对人工建筑物与构筑物的关注面积最大（0.004 sq. in.），显著大于被试在S1（0.002 sq. in.，$p<0.01$）、S2（0.002 sq. in.，$p<0.05$）、S3（0.002 sq. in.，$p<0.05$）影响下对人工建筑物与构筑物的关注面积（图6－5）；在S3的影响下，被试对草本植物的关注面积最大（0.014 sq. in.），显著大于被试在S1（0.008 sq. in.，

$p < 0.05$）、S2（0.007 sq. in.，$p < 0.01$）影响下对草本植物的关注面积（图6-6）。

表6-3　　声信号影响下对眼动热点图中景观要素的关注面积

描述性统计								
景观要素	声信号	平均值	标准差	标准误	95%置信区间		最小值	最大值
					下限	上限		
前景木本植物	S1	0.009	0.022	0.002	0.006	0.012	0.000	0.125
	S2	0.005	0.014	0.001	0.003	0.007	0.000	0.104
	S3	0.005	0.012	0.001	0.003	0.006	0.000	0.076
	S4	0.006	0.014	0.001	0.004	0.008	0.000	0.090
中景木本植物	S1	0.002	0.007	0.001	0.001	0.003	0.000	0.045
	S2	0.004	0.016	0.001	0.002	0.007	0.000	0.125
	S3	0.004	0.013	0.001	0.002	0.006	0.000	0.139
	S4	0.003	0.013	0.001	0.002	0.005	0.000	0.111
远景木本植物	S1	0.010	0.024	0.002	0.006	0.013	0.000	0.194
	S2	0.008	0.018	0.001	0.005	0.010	0.000	0.125
	S3	0.007	0.017	0.001	0.005	0.010	0.000	0.109
	S4	0.011	0.031	0.002	0.007	0.016	0.000	0.215
天空	S1	0.002	0.013	0.001	0.000	0.004	0.000	0.160
	S2	0.001	0.007	0.000	0.000	0.002	0.000	0.064
	S3	0.001	0.004	0.000	0.000	0.001	0.000	0.035
	S4	0.002	0.010	0.001	0.000	0.003	0.000	0.122
道路	S1	0.005	0.014	0.001	0.003	0.007	0.000	0.095
	S2	0.004	0.012	0.001	0.002	0.006	0.000	0.111
	S3	0.005	0.015	0.001	0.003	0.007	0.000	0.118
	S4	0.006	0.023	0.002	0.003	0.010	0.000	0.229
人工建筑物与构筑物	S1	0.002	0.007	0.000	0.001	0.003	0.000	0.050
	S2	0.002	0.006	0.000	0.001	0.003	0.000	0.035
	S3	0.002	0.007	0.001	0.001	0.003	0.000	0.042
	S4	0.004	0.011	0.001	0.003	0.006	0.000	0.066

续表

描述性统计								
景观要素	声信号	平均值	标准差	标准误	95% 置信区间		最小值	最大值
					下限	上限		
人类	S1	0.000	0.002	0.000	0.000	0.000	0.000	0.019
	S2	0.001	0.004	0.000	0.000	0.001	0.000	0.036
	S3	0.001	0.005	0.000	0.000	0.002	0.000	0.042
	S4	0.001	0.006	0.000	0.000	0.002	0.000	0.049
水体	S1	0.006	0.019	0.001	0.004	0.009	0.000	0.165
	S2	0.007	0.018	0.001	0.005	0.010	0.000	0.097
	S3	0.008	0.020	0.001	0.005	0.011	0.000	0.160
	S4	0.008	0.024	0.002	0.005	0.012	0.000	0.198
草本植物	S1	0.008	0.022	0.002	0.005	0.012	0.000	0.189
	S2	0.007	0.018	0.001	0.005	0.010	0.000	0.135
	S3	0.014	0.031	0.002	0.010	0.019	0.000	0.181
	S4	0.011	0.025	0.002	0.007	0.015	0.000	0.156
岩石	S1	0.003	0.010	0.001	0.002	0.005	0.000	0.063
	S2	0.003	0.010	0.001	0.002	0.005	0.000	0.073
	S3	0.004	0.013	0.001	0.002	0.006	0.000	0.097
	S4	0.005	0.016	0.001	0.003	0.007	0.000	0.146

表 6-4 声信号影响下景观要素关注面积的单因素方差分析结果
（眼动热点图中景观要素的注视热区为因变量，4 种声信号为自变量）

ANOVA					
	偏差平方和	自由度	均方	F 值	显著性水平
前景木本植物	0.002	3	0.001	3.168	0.024
中景木本植物	0.000	3	0.000	0.834	0.475
远景木本植物	0.002	3	0.001	1.301	0.273
天空	0.000	3	0.000	0.490	0.689
道路	0.000	3	0.000	0.572	0.633
人工建筑物与构筑物	0.001	3	0.000	2.988	0.030
人类	0.000	3	0.000	2.167	0.091
水体	0.000	3	0.000	0.256	0.857

续表

ANOVA					
	偏差平方和	自由度	均方	F 值	显著性水平
草本植物	0. 005	3	0. 002	2. 804	0. 039
岩石	0. 000	3	0. 000	0. 993	0. 395

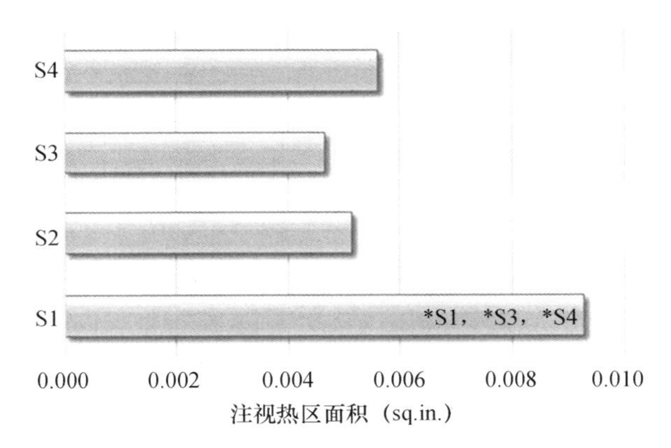

图 6－4　被试在不同声信号影响下对前景木本植物的关注面积
（＊SX 表示该值与声信号 SX 影响下的值具有显著差异）

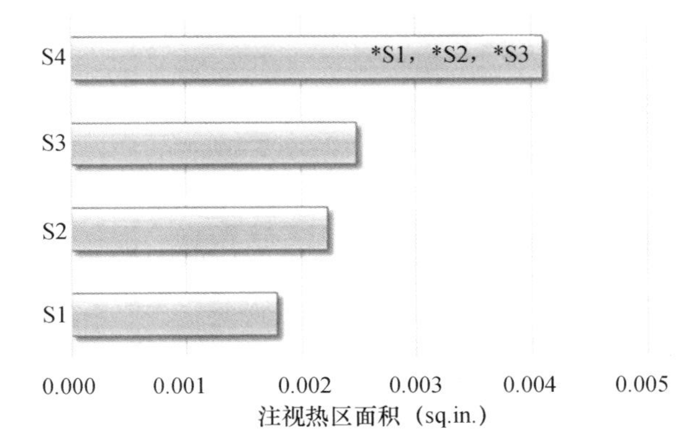

图 6－5　被试在不同声信号影响下对人工建筑物与构筑物的关注面积
（＊SX 表示该值与声信号 SX 影响下的值具有显著差异）

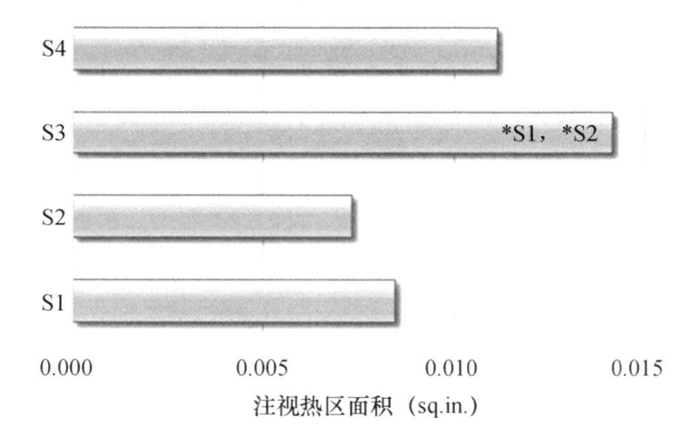

图 6-6 被试在不同声信号影响下对草本植物的关注面积
（＊SX 表示该值与声信号 SX 影响下的值具有显著差异）

视听感知的一致性表明，人们通常根据声信号的引导来关注与声音相关的图像信息。人为声的出现，会使人们不自觉地将注意力聚焦于人工景观要素及其周边环境，而自然声的出现也会使人们在观看自然景观时扩大其关注范围（Ren & Kang，2015a：171—179）。在森林公园景观中，人们对森林公园景观要素的关注特征显然也符合这一结论。在鸟语、虫鸣和流水声的影响下，被试对前景木本植物的关注面积显著增加；而受人语和交通噪声的影响，被试对人工建筑物与构筑物的关注面积也显著增加。此外，受家畜声的影响，被试对草本植物的关注面积显著增加，这与预期也基本一致，因为家畜一般出没在草本植物丰茂的区域。

以上结论虽然简单，但具有较为重要的设计学意义。在纯视觉研究中，往往缺少对环境中声音要素和视听交互影响的关注，从而忽视声信号对于环境使用者观察视线的引导作用，因此无法全面而科学的运用设计手段优化旅游者的实际体验。一般而言，空间中面积较大、形式独特或色彩突出的景观要素会占据视觉上的主体地位，但当这些景观要素不尽如人意而另一些景观要素设计精美时，显然可以通过相关声信号的引入和营造避免游人视线在负面景物上过多停留而更加关注相对令人舒适的景观，从而在一定程度上降低环境使用者的负面体验。反之亦然，可以在独特的声环境中根据设计意图搭配相应的视觉景观以增进或改善环境使用者的环境体验。

三　森林公园景观要素对被试感知偏好的影响

本节主要采用回归分析（regression analysis）的方法，分析不同视听综合环境下森林公园景观要素对被试感知偏好的影响。自变量为 10 个森林公园景观要素，因变量为 4 项眼动指标和 2 项主观评价指标。

结果如表 6－5 所示：在 S1（伴随着鸟语虫鸣的流水声）的影响下，只有 SF 与森林公园景观要素显著相关。在 S2（伴随着寺庙钟声的轻音乐）的影响下，APD 和 TR 与森林公园景观要素呈显著相关。在 S3（以狗吠为主的家养动物声）和 S4（夹杂着交通声的喧闹声）的影响下，只有 APD 与森林公园景观要素显著相关。具体来说，在声环境 S1（伴随着鸟语虫鸣的流水声）中，环境中的人类和草本植物能有效提高被试的扫视频率。在声环境 S2（伴随着寺庙钟声的轻音乐）中，天空可以有效降低被试的平均瞳孔直径，远景木本植物可以有效提高被试的宁静度评价，而道路会显著降低被试的宁静度评价。在声环境 S3（以狗吠为主的家养动物声）中，远景木本植物、天空和岩石可以有效降低被试的平均瞳孔直径。在声环境 S4（夹杂着交通声的喧闹声）中，草本植物会显著提高被试的平均瞳孔直径。此外，在视听综合环境中，森林公园景观要素对被试的注视频率、注视平均时长和视觉美学质量评价指标没有显著影响。

表 6－5　不同视听综合环境下景观要素对被试感知偏好影响的回归分析（10 个森林公园景观要素为自变量，4 项眼动指标和 2 项主观评价指标为因变量）

	S1	S2		S3	S4
	Model 1	Model 1	Model 2	Model 1	Model 1
	SF	APD	TR	APD	APD
Intercept	1.657	3.935	5.391	4.056	4.005
前景木本植物	4.388	1.237	9.155	1.937	0.515
中景木本植物	－7.298	－0.176	2.208	－0.547	－3.044
远景木本植物	4.346	－1.844	11.015*	－5.443*	－2.046
天空	7.814	－16.078**	－7.347	－19.840*	－4.714

续表

	S1	S2		S3	S4
	Model 1	Model 1	Model 2	Model 1	Model 1
	SF	APD	TR	APD	APD
道路	4. 199	3. 066	-15. 186 *	5. 504	-0. 800
人工建筑物与构筑物	-1. 407	-11. 004	-0. 180	-4. 985	7. 109
人类	69. 911 *	-17. 618	23. 473	-2. 894	-0. 910
水体	3. 333	1. 975	8. 180	-0. 744	1. 204
草本植物	8. 102 **	-0. 100	1. 159	0. 889	4. 756 **
岩石	5. 262	-5. 192	-5. 392	-2. 727 *	2. 651
Durbin - Watson	2. 071	1. 856	2. 084	1. 866	1. 946
R^2	0. 105	0. 101	0. 116	0. 123	0. 119
F	1. 996 *	1. 924 *	2. 241 *	2. 409 *	2. 316 *

* $p<0.05$；** $p<0.01$。

现有文献表明，景观中树木的数量与压力恢复存在正相关（Nordh 等，2011：95—103）。丰富的树木保证了环境的生物多样性，使景观更加美丽（Hands & Brown，2002：57—70；Parsons & Daniel，2002：43—56），并通过注意力（兴趣）的柔性吸引产生恢复性效果。随着树木数量的增加，环境的结构变得更加复杂和丰富（Kaplan S.，1995：169—182），在这样一个完整的自然世界中，人们可以避免日常生活中的烦扰，放松身心，得到恢复。开花类植物和水体也是影响美景度评价和压力恢复的两个可靠预测因素（White & Gatersleben，2011：89—98；Cracknell 等，2017：18—32）。本研究进一步探讨了在各种视听综合环境中森林公园景观要素与人类感知偏好的关系。受鸟语、虫鸣、流水等因素的影响，环境中人类和草本植物的出现与扫视频率呈正相关，这表明人类和草本植物面积的增加不利于游客兴趣点的形成。这也许是因为在中国游客的脑海中，鸟儿的啁啾、昆虫的咿咿以及潺潺的水声，与繁茂的中景木本植物和隐约可见的溪流密切相关，但与大面积的人类和草地无关，因此无法形成视听的同步，降低了环境的吸引力。在轻音乐和寺庙钟声的影响下，环境中的天空面积与被试的平均瞳孔直径呈负相关，这意味着随着天空面积的增加，游客的心理负荷将得到缓解。因此，当游客身处于相对开敞的空间时，再加上有轻音乐和寺庙钟声相伴，他们更容易放松身心。此外，同样在轻音乐和寺庙钟声的影响下，远景木本植物的出现可以增加游客的宁静感知，而道路的出现则会明显减少环境的宁静度。在家畜声的影响下，随着远景木本植物、天空、岩石等景观要素面积的增加，游客的心理负荷会显著降低。在人语噪声和交通噪声的影响下，增加环境中的草本植物面积会增加游客的心理负荷，这可能是因为声音不能满足游客对图像信息的期望。森林中的草地通常是游客露营、休息和私人交谈的场所，但人和交通噪声的存在表明人群密集，陌生人多，这导致游客的心理负荷增加。

本章进一步探讨了在不同森林视听场景中被试对具体景观要素的关注特征，以及特定景观要素对被试眼动指标和心理恢复的影响。在研究方法上，引入在眼动追踪实验中生成的眼动热点图，并对注视热区中的各类景观要素进行面积统计。通过数据处理和统计分析，可以直观的分析参与者对具体景观要素的关注特征，并进一步探讨热点图中景观要素与眼动指标和主观评价维度之间的关系。

研究表明，被试在纯视觉条件下的总注视热区要小于在视听综合条件下的总注视热区。这可能是由于在无声条件下被试缺乏相关声信号的引导，因此观测目标并不明确，其注视行为受到更多的约束，注视点在水平和垂直方向的延展较少。

在不同声信号的影响下，被试对前景木本植物、人工建筑物与构筑物、草本植物三种景观要素的关注面积存在显著差异。具体来说，在伴随着鸟语虫鸣的流水声的影响下，被试对前景木本植物的关注面积最大；在夹杂着交通声的喧闹声影响下，被试对人工建筑物与构筑物的关注面积最大；在以狗吠为主的家养动物声影响下，被试对草本植物的关注面积最大。以上结果反映出视听感知的一致性原则，即人们通常根据声信号的引导来关注与声音相关的图像信息。人为声的出现，会使人们不自觉地将注意力聚焦于人工景观要素及其周边环境，而自然声的出现也会使人们在观看自然景观时扩大其关注范围。

在鸟语、虫鸣、流水等声环境中，人类和草本植物面积的增加与扫视频率呈正相关，这表明人类和草本植物面积的增加不利于游客兴趣点的形成。这也许是因为在中国游客的脑海中，鸟语、虫鸣以及流水声，与繁茂的中景木本植物和隐约可见的溪流密切相关，但与大面积的人类和草地无关，因此无法形成视听的同步，降低了环境的吸引力。在轻音乐和寺庙钟声的影响下，环境中的天空面积与被试的平均瞳孔直径呈负相关，这意味着随着天空面积的增加，游客的心理负荷将得到缓解。因此，当游客身处于相对开敞的空间时，再加上有轻音乐和寺庙钟声相伴，他们更容易放松身心。此外，同样在轻音乐和寺庙钟声的影响下，远景木本植物的出现可以增加游客的宁静感知，而道路的出现则会明显减少环境的宁静度。在家畜声的影响下，随着远景木本植物、天空、岩石等景观要素面积的增加，游客的心理负荷会显著降低。

第七章

森林公园景观设计优化策略

在森林旅游中，良好的森林视觉环境与声环境是为森林旅游者提供舒适休闲游憩体验的重要保障。本书在第四章、第五章和第六章中基于公众调查和视听综合实验分析考察了城市潜在森林旅游者对森林公园景观的喜好特征和感知特点，本章则基于以上研究结果，从“满足森林旅游者的声喜好”“统筹森林公园景观的视听交互作用”“基于声环境影响优化森林公园景观要素”三个方面提出森林公园景观设计的优化策略框架（图7－1），以期为森林环境建设和森林旅游管理提供借鉴。

第一节　满足森林旅游者的声喜好

一　引入和保护游客喜爱的声源

声景感知是一个复杂的现象，声音在不同的环境中会得到不同的评价，同时不同社会文化背景的环境使用者对同一种声源也会产生不同的主观感受。在自然环境中，人为声往往被认为是负面的声源，而非人为声则与自然环境更贴合。

但本书的调查表明，在森林公园中，并非所有的非人为声都受到喜爱，如恶劣气候所产生的自然声、家养动物声等声源被视为森林环境中的负面声源。同时，人为声中也有许多声源能够得到森林旅游者的偏爱，如人为声中的歌唱、音乐、寺庙钟声等声源则是游客普遍希望在森林环境中听到的声音。因此，需要在森林公园建设和管理中保护和营造森林旅游者喜爱的森林声源，以提高游客的整体满意度。

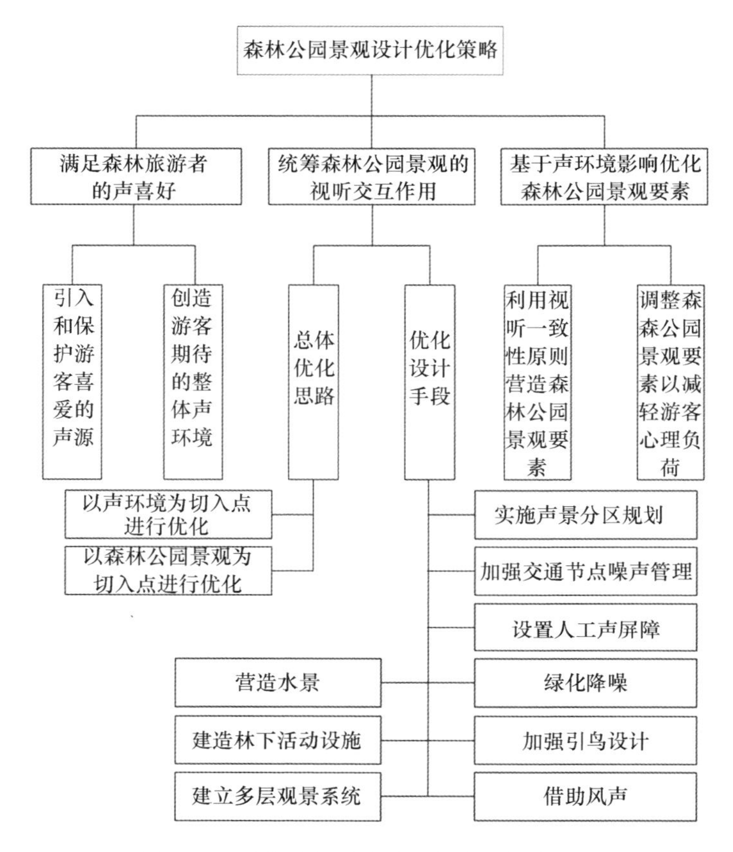

图 7-1　森林公园景观设计的优化策略框架

二　创造游客期待的整体声环境

虽然森林公园声景是一个复杂的感知系统，但通过语义细分法和因子分析提取发现：休闲娱乐、空间特性、声音的音质与动态以及环境知觉是对森林公园声景感知偏好起主导作用的 4 个因子。在森林公园景观的规划设计与森林旅游的开展和管理中，可重点关注、处理这 4 个对森林声环境主观感知偏好起主导作用的因子，构建与之相关的评价体系，进而实现降维和简化问题的目的。与城市公共空间或乡村环境相比，森林旅游者在森林中对声环境的关注与休闲、环境体验以及声音本身的物理属性有关，并不包含交流维度。可见，森林旅游者更多关注在森林环境中得到身心的放松，以及自我回归和自我愉悦，而非通过森林旅游进行社交活动。

在休闲娱乐维度，森林旅游者更希望在森林中听到有趣、安静、轻快、自然和喜悦的声音。此外，森林旅游者还希望在森林中听到有意义的声音，代表着森林旅游者希望体验的森林公园声景是具有高保真，声音之间不经常发生重叠，既有信号声又有背景声的具有透视性的声环境，而非经常发生掩蔽而无法识别的声环境。在空间维度，森林旅游者更希望在森林中体验到有回声、有方向的声音。在环境知觉维度，森林旅游者更希望在森林中听到较为柔和的声音。在声音的音质和动态性维度，森林旅游者更希望听到音质较软且平滑的声音。

总体而言，在森林环境中开展过多的社会活动既不利于森林生态环境的保护，也不利于森林旅游者的声景体验。繁杂的群体性活动容易在森林环境中提高人流密度并增加交通负荷，进而带来噪声的增加和声音的掩蔽效应，无法让森林旅游者在安静、通透的声环境中得到休息和放松。

第二节　统筹森林公园景观的视听交互作用

通过实验室研究，我们发现森林旅游者对森林环境的感知偏好受到景观视觉特征和声环境的共同影响。因此，在森林规划管理工作中，应综合考虑以上视听一体化条件下的评价结果，为今后的项目提供指导。

一　总体优化思路

（一）以声环境为切入点进行优化

从整体上来说，保护或引入鸟鸣、虫鸣、流水等宁静的自然声源，以及受游客欢迎的轻音乐、寺庙钟声等悠扬的人为声源，可以有效地提高森林游客的游览兴趣，降低游客的心理负荷，同时有助于提高森林公园景观的视觉美学质量和宁静度。

具体来说，对于正面声信号的保护和引入，以及对于负面声信号的消除和屏蔽，应当在森林公园景观中有所侧重（图 7 - 2）。研究表明，当在森林环境中对鸟语、虫鸣、流水等正面自然声进行保护或引入时，从降低森林旅游者心理负荷的角度考虑，应优先选择山顶景观，因为山顶景观与这些声源相结合可以最大限度地降低被试的心理负荷。其次，应

在森林环境中保护或引入鸟语、虫鸣和流水声等正面非人为声的优先级排序	在森林环境中保护或引入轻音乐、钟声等正面人为声的优先级排序	在森林环境中消除或屏蔽家养动物声等负面非人为声的优先级排序	在森林环境中消除或屏蔽人语或交通噪声等负面人为声的优先级排序
1.山顶景观	1.山顶景观	1.林下景观	1.森林草甸
2.森林聚落	2.森林峡谷	2.森林道路	2.森林聚落
3.森林湖泊	3.森林湖泊	3.森林草甸	3.林下景观
4.森林道路	4.森林聚落	4.森林聚落	4.森林道路
5.森林峡谷	5.森林草甸	5.山顶景观	5.森林峡谷
6.森林草甸	6.森林道路	6.森林湖泊	6.山顶景观
7.林下景观	7.林下景观	7.森林峡谷	7.森林湖泊

图7－2　在森林公园景观中营造或屏蔽声信号时的优先级排序

选择在森林聚落和森林湖泊等森林环境创造伴随着鸟语虫鸣的流水声，最后再选择林下景观、森林峡谷、森林草甸和森林道路等森林环境，因为这些森林公园景观与鸟语、虫鸣、流水等自然声相结合时，对降低森林旅游者心理负荷的效果显著差于山顶景观。当在森林环境中对轻音乐、寺庙钟声等正面人为声进行保护或引入时，从降低森林旅游者心理负荷的角度考虑，应优先选择山顶景观，因为山顶景观与这些声源相结合可以最大限度地降低被试的心理负荷。其次，应选择在森林峡谷、森林湖泊、森林聚落和森林草甸等森林环境创造伴随着寺庙钟声的轻音乐，最后再选择林下景观和森林道路等森林环境，因为这些森林公园景观与轻音乐、寺庙钟声等人为声相结合时，对降低森林旅游者心理负荷的效果显著差于山顶景观。当在森林环境中对家养动物声等负面非人为声进行消除或屏蔽时，从降低森林旅游者心理负荷的角度考虑，应首先选择林下景观、森林道路和森林草甸，因为这些森林公园景观与家养动物声相结合时最不利于缓解森林旅游者的心理负荷，其次应选择在森林聚落、山顶景观和森林湖泊等森林环境消除或屏蔽家养动物声，最后再选择森林峡谷。因为相比于林下景观、森林道路等森林环境，森林峡谷与家养动物声相结合时，并不会给森林旅游者带来太大的心理负荷。当在森林环境中对交通噪声、人语噪声等负面人为声进行消除或屏蔽时，从降低森林旅游者心理负荷的角度考虑，应优先选择在森林草甸和森林聚落，因为这些森林公园景观与夹杂着交通声的喧闹声相结合时最不利缓解森林旅游者的心理负荷。其次，再选择在林下景观、森林道路、森林峡谷、山顶景观和森林湖泊等森林环境消除或屏蔽交通噪声、人语噪声等人为声源，因为这些森林公园景观与交通噪声、人语噪声相结合时，并不会给森林旅游者带来过大的心理负荷，这与这些森林公园景观的空间结构和构成特点有关。

（二）以森林公园景观为切入点进行优化

除了以声信号为切入点对森林环境进行优化，还需要根据景观的具体特点，合理有效地配置声音。总体而言，在视听综合环境中山顶景观会最为有效的缓解被试的心理负荷，在森林旅游者身处林下景观、森林草坪和森林聚落时的心理负荷会相对较高，其中当森林旅游者身处林下景观时心理负荷最高，即林下景观所具备的景观结构和景观要素容易使森林旅游者产生紧张的情绪。此外，在主观评价中，森林湖泊和林下景观的视觉美学质量较高，山顶景观和林下景观的宁静度评价较高，而森林道路、森林草甸和森林聚落的视觉美学质量和宁静度评价较低。

结合声信号种类对各类森林公园景观进行具体分析可以发现，对于游客都十分偏爱的山顶景观，当与伴随着鸟语虫鸣的流水声、伴随着寺庙钟声的轻音乐等正面声信号结合时最有利于缓解游客的心理压力。因此对于山顶景观来说，应尽量屏蔽家养动物声、人语和交通噪声等负面声源，突出鸟语、虫鸣和流水声等安静的自然声源，同时引入轻音乐、寺庙钟声等积极的人为声源，最大限度地保证森林游客的轻松和舒适。总的来说，人语噪声和交通噪声在森林中都是不受喜爱的声源，也是在森林规划设计和管理中应尽量屏蔽的负面声源，但通过视听综合实验发现，对于林下景观而言，人语声和交通声可以比鸟语、虫鸣、流水、轻音乐、寺庙钟声等正面声源更有利于缓解森林游客的心理负荷。因此，在不破坏森林环境自然生态的前提下，适当地在林下创造人类活动和人语声，可以减少由于身处神秘的野外环境而产生的心理不安定感。对于森林草甸和森林聚落而言，由于人语噪声和交通噪声会显著增加森林游客的心理负荷，因此在这些森林环境中应加强引导人流和控制机动车出入，以便为游客营造安静、轻松的休闲体验。

二 优化设计手段

从森林公园景观规划设计与管理的指导思想上来看，应当符合上文所述，即满足森林旅游者的声景喜好，保护和引入正面声信号，消除和屏蔽负面声信号，同时充分考虑森林游客对森林公园景观在视听交互作用下的综合感知特征。在具体的优化手段方面，还需要采取一系列的设计措施为森林游客创造满意的森林视听环境，包括设置人工声屏障、绿化降噪、借助风声、营造水景，以及在特定场所建造活动设施等。

（一）实施声景分区规划

由于不同的游览活动会形成特定的声音，引起声环境的变化，因此在进行森林公园规划设计时，可以根据各类森林公园景观与不同声信号的兼容特征对景区进行区域划分，规划声景分区，让游客既能在自然环境中体验到不同于城市环境的宁静，又可以在特定的活动区域自由释放、舒展自我，最大限度为森林游客创造舒适宜人的特色视听体验。例如，将山顶景观设置为正面自然声（鸟语虫鸣、流水等）的保护区或正面人为声（轻音乐、寺庙钟声）的营造区，最有利于减轻游客的心理负荷。在林下景观可以适当设置一些活动区，并允许人语声的出现，既增加森林游览的趣味，同时减少由于身处野外环境而产生的心理不安定感。森林湖泊与鸟语虫鸣或轻音乐等正面声信号的搭配十分具有诗情画意，但由于人类的亲水特征使视听综合知觉习惯了人与水的声画交融，因此森林湖泊这类以大片水面为特征的森林公园景观与人语声等负面声信号也能良好兼容。对于森林湖泊这类与正面声信号和负面声信号都可以良好兼容的景观类型，可以根据具体需要制定其区域内的活动强度和声景特色。

（二）加强交通节点噪声管理

为了保证景区的通达性，景区内交通节点（游客中心、公共广场等）周边会布置较为密集的路网以及泊车场地，虽然保障了游客到达景区以及工作人员后勤管理保障的便利性，但也会产生一定程度的噪声干扰。在森林草甸、森林聚落之类的森林环境中，游客嘈杂声和交通噪声会给森林游客带来显著的影响，但在实际调研中发现，一些森林公园中却往往将这两类森林环境与交通节点的规划交织在一起，无疑大大降低了这两类森林环境的游览体验效果。因此，最有效的办法就是避免将森林草甸和森林聚落等与负面人为声无法兼容的森林公园景观设置在交通节点处，在规划层面就为游客游览体验提供保障。其次，合理规划景区路网与游步道可以起到引导人流的作用，可以有效避免人语和交通噪声对游客的干扰。此外，控制进入景区的车流量、车速以及及时对公园内部路面的及时养护，都可以有效降低人语和交通噪声对敏感景观环境的影响。修建施工以及对植物的修剪等建设养护工作，要安排在合理的时间段，错开游览高峰期，使用恰当的方法和工具，尽量减少其发出的负面声音。

（三）设置人工声屏障

对于负面声信号的屏蔽，设置声屏障不失为一种较为直接有效的手段。在森林环境这类自然景观中设置人工声屏障，数量不应多，所以其位置选择应当巧妙且有效。此外，声屏障的造型应该区别于城市中较为生硬的特点，尽量在形式、结构、材料、色彩、质感等方面突出自然气息（图7－3）。可以将隔声材料与景墙等景观构筑物相结合，也可以选择一些透明材质的声屏障，消解其在环境中的体量。此外，还有一些新型的生态声屏障可供选择，如弧形声屏障具有内凹弧形的外观，可以在降噪的同时兼顾美观，弧形墙面的种植槽内可以种植植物，当声波遇到屏障界面时，内凹的弧形结构可以增加声波的阻隔接触面，而植物形成的凸面又可以使声波被分解成许多比较弱的反射声波，从而起到良好的降噪作用（刘银生、赵新飞，2007：196—200）。除了声屏障本身的设计，还可以借助声屏障的造型特点配以爬藤植物，或在声屏障周边以高大植物进行围合，既可以起到障景的作用，同时还可以增加降噪效果。

（四）绿化降噪

设置植物屏障也是一种有效降低负面声信号影响的手段。植物是一种天然多孔材料，对声波具有一定的吸收作用，茂密的枝叶也可以对减少声波能量起到一定作用。利用植物对声波的反射和吸收，使负面声音在传播过程中发生一定的衰减，既绿色环保，又与森林公园自然的环境

图7－3 生态声屏障示例以及弧形生态声屏障的剖面示意

相匹配。有研究表明，种植方式、组团配置形式、树种差异以及季相变化等因素对植物的降噪作用有主导作用。高大的树木对降低高频声非常有效，高10米，郁闭度为0.6－0.7的乔木可以使噪声衰减16dB；不同叶形、冠型的树木组合成防护林对减弱噪声的效果也非常突出，其中竹林的降噪效果最为出色。在植物搭配形式上，复杂的植物配置可以起到更好的降噪效果，不同的乔木、灌木、地被植物搭配可以使声音降低5—15dB，搭配越紧密，降噪效果越好。高桩乔木—高灌木—小花木这种配置形式降噪效果较好，并且其降噪效果随着层次、高度、宽度的增加而递增（Fricke，1984：149—158；余树勋，2000：16—18；Fang & Lin，2005：29—34；张明丽等，2006：25—28）。森林公园中植物众多，品种丰富，高大乔木数量充足，但由于自然植物的生长较为粗放，因此在一些局部需要对负面声信号进行屏蔽的场所，仍然可以通过人为的绿化设计达到有效降噪的目的。在适当位置增植灌木、花草地被，既可以有效降低人语与交通噪声等负面声信号的干扰，又可以提高观赏性，让游客有更好的游览体验。此外，将植物设计与地形梳理相结合，还可以起到进一步降噪的作用，再搭配人工声屏障效果会更加显著（图7－4）。

（五）加强引鸟设计

总体上讲，鸟语声在森林公园景观中属于最受森林游客喜爱的森林

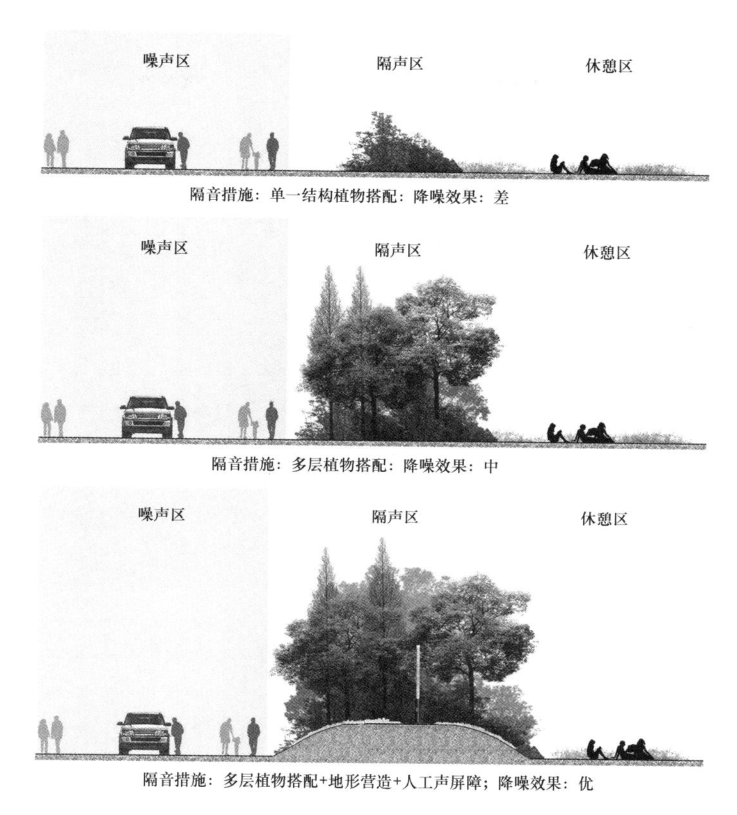

图7－4　多种隔音降噪措施示意

声源之一。在山顶景观登高远望和俯瞰森林聚落时，鸟语声都可以极大程度地提升森林游客的沉浸度，降低森林游客的心理负荷，并且提高游客对森林公园景观美景度和宁静度的评价。可见无论以自然景观为主的森林环境，还是自然与人文景观协调共存的森林环境，鸟语声都是提高游客游赏体验必不可少的森林资源。因此，在森林公园景观中，应当通过人为营造鸟类适宜的栖息地并积极建造引鸟设施，增加鸟语声出现的频率，为森林游客创造轻松舒适的视听氛围。

对于森林公园景观中的引鸟设计应当主要从四个方面入手加以考虑：

一是保护鸟类栖息环境。在森林旅游的开发管理或森林公园景观规划设计过程中，一旦发现有适合鸟类生存和活动的区域，首先应保护原有景观面貌，同时在后期对这些区域进行适度的密植并放置人工鸟巢、喂食器等引鸟设施，通过定期管理，为鸟类创造一个舒适且隐蔽的小环境（图7－5）。吸引鸟类生活和觅食的最终目的是保护生态环境并提升视听景观质量。

图7－5 引鸟设施

二是通过植物种植创造鸟类适宜的生境。具有一定生物学特性和果实的植被，可以满足鸟类的取食、活动以及隐蔽的需要。有学者研究表明，鸟类真正喜欢取食的园林植物并不是特别多，一般来说具有核果、浆果、梨果及球果等肉质果的园林植物大都适合鸟类食用。可以为植食和杂食性鸟类大量取食的园林植物如下表所示（表7－1）：

表7－1 可为鸟类取食的园林植物表（张勇、邹志荣，2004：28—29）

可以为植食和杂食鸟类大量取食的园林植物	
乔木	钱氏冬青、香樟、朴树、桑树、樱桃、女贞、拐枣、盐肤木、无花果、黄连木、枸骨、苦楝、圆叶乌桕、圆柏、龙柏、紫杉、红松、云杉、野柿、鼠李等
灌木	小檗、酸枣、火棘、卫矛、荚迷、九里香、野花椒等
藤本植物	爬山虎、野蔷薇、忍冬、山葡萄等

三是通过水景设计吸引鸟类。鸟类也喜欢在水边嬉戏，因此通过局部的水景吸引周边鸟类停留和栖息，营造鸟语水声共鸣的生动声环境也是提高森林综合视听体验的手法之一。与城市园林中以观赏为主的水景

不同，森林中的引鸟水景应当隐蔽，不宜为游客所察觉，只是通过最终的声景营造为游客创造轻松的体验（图7－6）。此外，引鸟水景的设计主要以浅水池和缓慢流淌的小溪两种方式为主。浅水池的设计深度宜在15cm以内，并且以自然坡岸为宜。

图7－6 引鸟水景设计示意

四是采取引鸟屋顶的建筑构造。对于森林公园景观中的人工建筑物与构筑物来说，应尽量避免生硬的造型、色彩和结构，运用有机建筑和绿色建筑的设计理念创造能够与自然环境协调共存的人工景观。在一些人工建筑物和构筑物的顶平面上，可以通过生态设计创造鸟类的取食和栖息环境，既可以使人工景观较好的融合与消隐在自然环境中，同时可以创造舒适的视听环境，实现人与自然的和谐共存（张勇、邹志荣，2004：28—29）（图7－7）。

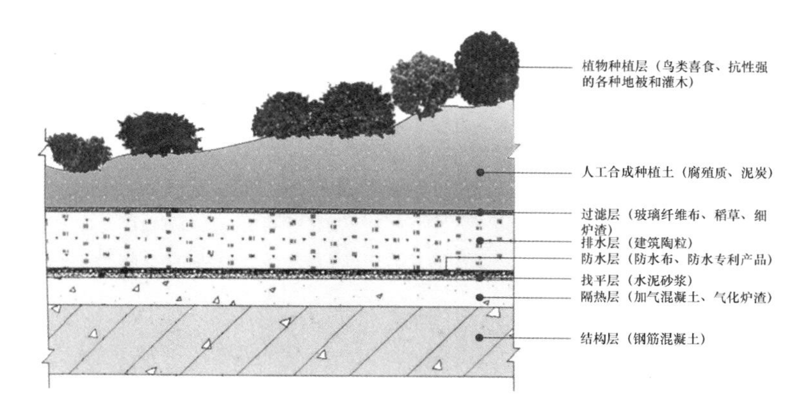

图7－7 引鸟屋顶的建筑构造

（六）借助风声

微风吹树叶的声音是森林游客喜爱的正面声源。此外，风声还可以起到有效的掩蔽作用，因此通过空间营造和植物搭配，可以巧妙的在森林公园景观中创造出一些舒适的风环境，不仅可以在夏季带来凉风，在冬季阻隔强风，还可以对负面声源进行适当的掩蔽。虽然风声也会在一定程度上掩蔽一些高频声源，如鸟语、虫鸣等森林游客喜爱的自然声，但只要不是气象原因引起的狂风大作，适度的微风吹拂引起树叶沙沙响动的声音，仍然可以为游客创造一个较为舒适的森林声环境。

（七）营造水景

水声与微风一样，是森林游客喜爱的森林声源。在一些需要对负面声源进行掩蔽的场所，创造亲水环境和水景是一个十分奏效的办法。水声不仅可以对人语噪声、交通噪声起到一定的掩蔽作用，还可以从视觉上提升人们对于声环境的舒适感受（王亚平等，2015：79—83 + 101；任欣欣等，2015：361—369）。此外，自然郊野的水景还可以为森林生物创造适宜的生境（如本章第二节所述），无形中也增加了鸟语、虫鸣等积极的自然声，因此也可以在需要引入和保护正面自然声信号的森林环境中加以使用。在森林环境中对于水景的营造不一定要投入大量的物力财力，在水源丰沛的区域，可以通过地形高差、山石堆叠或者天然山泉因地制宜的打造一些流水、跌水或泉水小景（图7－8）；在距离水源较远的区域，也可以通过人工引水设置一些造型自然且古朴的水景小品创造舒适宜人的声环境（图7－9）。

图7－8 森林中的水景营造

图7-9　森林中的水景小品

（八）建造林下活动设施

对于林下景观来说，营造适当的人为活动和人语声有利于使森林游客从深入丛林的紧张感中得到缓解。因此，在森林公园的核心保护区以外，遵循保护等级的变化在林下景观中建造适量的活动设施是必要的。可以通过设置空中观景廊桥、树屋等多种多样造型自然、材料生态的构筑物来增加林下景观的吸引力。在一些国际知名的森林公园中，丰富多彩的林下环境为游客创造了生趣盎然的休闲体验，巧妙设置的娱乐设施既能保持原始森林的自然魅力，又可以满足游客的好奇心与参与感，同时不会使游客产生完全置身于荒野环境中的不安定感（图7-10）。在浙江省松阳县横坑村的毛竹林中，设计师通过巧妙的构思，将竹林营造为竹林剧场，使原本难以接近的林下空间既维持着自然形态，同时还承载着一定的人为活动。建成后的竹林剧场，既是村民传统祭祀的场所、又是当地剧团表演的舞台，同时还是外来游客休闲露营的天然场所（图7-11）。

（九）建立多层观景系统

前文的研究表明，在所有森林公园景观类型中，森林游客在观赏山顶景观时的心理负荷最小，而在林下景观穿行时的心理负荷较大，这主要取决于景观空间结构和景观要素所表现出的“瞭望—庇护”属性对人们心理的影响。有鉴于此，应当在森林公园景观中积极建立多层观景系统，在生态扰动和资金允许的前提下，通过空中步道的设置增强森林漫

图7－10 多姿多彩的林下活动

图7－11 浙江省松阳县横坑村“竹林剧场”

步体验，将原本的林下穿行变为林上鸟瞰，人为创造山顶登高远望的欣赏效果，为森林游客提供轻松惬意的享受。

例如阿迪朗达克（Adirondack）纽约州立荒野公园中的野生步道被设计成高架的桥梁，将游客带入树梢，为森林旅游提供广阔的观赏视野。在高空步道的节点上创造了多处互动景观装置，极富趣味性（图 7－12）。新西兰西海岸霍基蒂卡树顶步道位于雨林之中，高出地面 20 余米，全长约 450 米，主塔高度超过 40 米，可欣赏到壮观的马希纳普阿湖（Lake Mahinapua）和塔斯曼海（Tasman Sea），天气晴朗时还有机会欣赏到冰雪覆盖的南阿尔卑斯山的壮丽景色。游客在树顶步道可以远眺一望无际的常青雨林，还可以一边欣赏扇尾鹟、蜜雀、钟雀等新西兰原生鸟类在树林中穿梭起舞，一边通过步道两边的信息板了解当地动植物的知识和历史文化风俗。EFFEKT 建筑工作室为丹麦哥本哈根的 Glisselfeld Kloster 森林中打造了一个 600 米长的树梢走廊计划，空中走廊与螺旋式观光塔相连接，在观光塔上可以 360 度观赏丹麦海斯莱乌（Haslev）的森林冠层。连续的坡道完全开放，设计特点多种多样，包括露天的看台座椅、鸟舍以及树梢攀爬和滑索等冒险项目，为游客带来不同凡响的游览体验（图 7－13）。

图 7－12　阿迪朗达克的野生步道

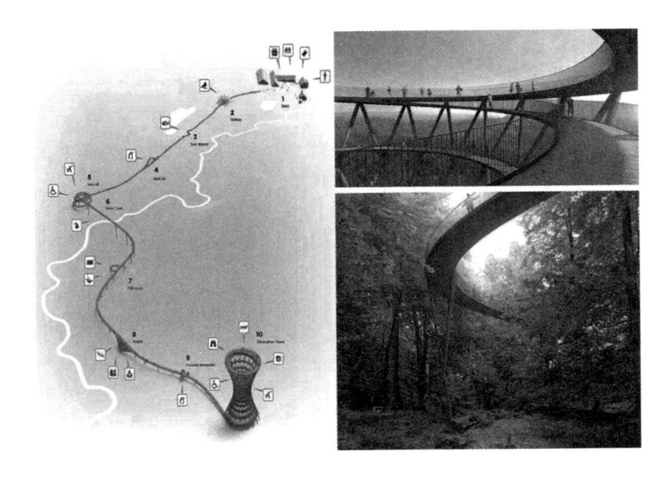

图7－13 Glisselfeld Kloster的“树梢走廊计划”

第三节 基于声环境影响优化森林公园景观要素

一 利用视听一致性原则营造森林公园景观要素

森林公园景观要素与游客感知之间的关系应根据不同的声环境来确定。当视觉图像与声音一致时，游客的注意力区域显著扩大，因此要尽量保证视听环境的协调。此外，游客对森林公园景观要素的关注存在明显的视听一致性倾向。在伴随着鸟语虫鸣的流水声中，游客对于前景木本植物的关注显著增加。在夹杂着交通声的喧闹声中，游客更加关注森林公园景观中的人工建筑物与构筑物。在家养动物声中，游客更加关注环境中的草本植物。因此，当面对不同的声环境时，对景观要素的处理应当有所侧重，避免“捡了芝麻丢了西瓜”，对本应需要重点关注的景观要素视而不见，反倒花大量财力去打造一些与声环境并不匹配或在特定声环境中游客并不会优先关注的景观要素。

在进行设计时，可以有目的性的进行景观要素和声源的统筹设计，结合声源配置和注视特征来对可视景观区域内的景观要素进行重点营造。利用森林游客的视听综合感知，在游客的注视集中区域配置与声环境相关的设计精良的景观要素；或根据已有景观要素的特征设计相关的声源引导，通过视听交互作用，产生一加一大于二的效果。例如，在某一处森林空间中，建筑物的造型、材料、色彩等不尽如人意，但其周边的植物搭配精巧且美观，这时应当尽量在该环境中通过引入鸟语虫鸣以及营造流水声使得森林游客的视线更多向自然景观投注，从而在一定程度上降低建筑物的关注度，实现改善环境体验的目的。总之，利用视听一致性原则营造森林公园景观要素，目的在于增强视觉线索与听觉线索的匹配程度，提高游客对于森林公园景观的感知偏好，优化游客的游赏体验。

二　调整森林公园景观要素以减轻游客心理负荷

森林公园景观要素与声信号的交互作用不仅体现在游客的视觉关注层面，还体现在游客的压力恢复层面。在轻音乐、寺庙钟声等正面人为声的影响下，应尽量创造开敞的森林公园景观空间，避免种植一些冠大荫浓的高大乔木或在视通线上设置一些体积庞大的构筑物，突出远景的天际线和天空可视面积，这样有利于减轻森林游客的心理负荷。同时，还应当减少硬质道路的面积，增加远景木本植物的面积，以此提高游客的宁静度感知。对于森林中存在家养动物声的环境，增加远景木本植物、岩石以及天空的可视面积有利于缓解游客的心理负荷。此外，在人流密集、交通繁忙的环境中，中景和远景木本植物面积的增加都有助于游客在一定程度上缓解心理负荷，但人语噪声、交通噪声与草本植物的结合却在一定程度上会导致游客心理负荷的增加，因此需要对草本植物的面积有所控制。

在森林公园景观的实际建设和管理工作中，需要将视听因素进行统筹考虑，可以结合不同的声环境主题对森林公园景观要素进行适当的安排，也可以结合现有的森林公园景观要素对声环境进行相应的调整，以便为森林游客创造轻松舒适的游览体验。

本章主要基于眼动实验和主观评价的调查结果，在视听交互视角下，对森林公园景观提出优化设计策略。从总体框架来看，森林公园的景观设计需要落实“满足森林旅游者的声喜好”“统筹森林公园景观的视听交互作用”和“基于声环境影响优化森林公园景观要素”三大要求。

为满足森林旅游者的声喜好，需要积极引入和保护游客喜爱的声源，并且创造游客期待的整体声环境。在森林公园中，并非所有的非人为声都受到喜爱，如恶劣气候所产生的自然声、家养动物声等声源被视为森林环境中的负面声源。同时，人为声中也有许多声源能够得到森林旅游者的偏爱，如人为声中的歌唱、音乐、寺庙钟声等声源则是游客普遍希望在森林环境中听到的声音。此外，森林旅游者更多关注在森林环境中得到身心的放松，以及自我回归和自我愉悦，而非通过森林旅游进行社交活动。这些诉求都应当在森林环境的保护与营造中加以落实。

统筹森林公园景观的视听交互作用，需要从整体思路和具体手段两个层面加以把握。在宏观上，可以根据实际情况，选择以声环境为切入点进行优化，或以景观类型为切入点进行优化。总的来说，保护或引入鸟鸣、虫鸣、流水等宁静的自然声源，以及受游客欢迎的轻音乐、寺庙钟声等悠扬的人为声源，可以有效地提高森林游客的游览兴趣，降低游客的心理负荷，同时有助于提高森林公园景观的视觉美学质量和宁静度。对于正面声信号的保护和引入，以及对于负面声信号的消除和屏蔽，应当在森林公园景观中有所侧重。除了以声信号为切入点对森林环境进行优化，还需要根据景观的具体特点，合理有效地配置声音，比如对于山顶景观来说，应突出鸟语、虫鸣和流水声等安静的自然声源，同时引入轻音乐、寺庙钟声等积极的人为声源，最大限度地保证森林游客的轻松和舒适；而对于林下景观而言，适当的创造人类活动和人语声，可以减少由于身处神秘的野外环境而产生的心理不安定感。在具体实施手段上，主要包括实施声景分区规划、加强交通节点噪声管理、设置人工声屏障、绿化降噪、加强引鸟设计、借助风声、营造水景、建造林下活动设施和建立多层观景系统等方法。

基于声环境影响优化森林公园景观要素，包括利用视听一致性原则营造森林公园景观要素，以及调整森林公园景观要素以减轻游客心理负荷。前者在于利用视听一致性原则增强视觉线索与听觉线索的匹配程度，提高游客对于森林公园景观的感知偏好，优化游客的游赏体验。后者基于压力恢复视角，通过统筹考虑视听交互环境中声信号与具体景观要素对游客心理负荷的综合影响规律，对声信号与景观要素进行相应的安排与调整，为森林游客创造轻松舒适的游览体验。

结　语

本书在梳理国内外理论方法和实践经验文献的基础上，结合已有的研究成果，从明确森林公园景观、声景以及视听交互的概念出发，通过问卷调查、视听交互试验等手段对森林公园景观感知偏好特征进行了研究。在研究中分析了森林旅游者的森林公园声景喜好特征，并基于视听交互下的眼动实验考察了潜在城市森林旅游者对森林公园景观的感知偏好特征，以及森林公园景观要素与眼动行为的交互作用。最后根据研究结果，提出了森林公园景观设计的优化策略，从理论和实践两个方面探索了如何全面综合地营造与管理森林公园景观的视听资源。

国内外在环境感知偏好研究方面已经取得一定的成果，但也存在不足之处。人类的感官在环境感知中往往存在交互机制和综合作用，单一的视觉考量无法科学准确的预测环境使用者对环境的评价特征；对于声景研究而言，虽然揭示了声音对于人类环境心理的影响，但较少从环境使用者的生理角度出发，来分析视听综合环境的变化对人类眼动行为的影响，以及声景评价与旅游者身心健康的关系；近年来，在城市公共空间开展的视听交互研究弥补了单纯视觉质量评价和声景感知偏好的缺陷，但对于森林公园景观等自然环境的关注有所不足。在中国，森林旅游已成为各地旅游业中最具活力的经济增长点。森林公园优越的视听条件使其成为人们亲近自然、放松身心的理想场所，也是构成森林旅游吸引力的重要因素。在视听交互基础上开展实验室研究，通过将生理信号采集和主观评价相结合，考察公众对森林公园景观的感知特征，可以为森林旅游的科学发展提供一定的理论指导。

过往的研究表明，人为声往往被认为是负面的声源，而非人为声则与自然环境更协调而受到喜爱。本书通过构建森林声源的分类框架并进行问卷调查，分析考察了森林游客对于森林公园声景的喜好特征。研究发现，就声源来看，并非所有的非人为声都受到喜爱，如恶劣气候所产生的声音、家养动物声等声源被视为森林环境中的负面声源。而人为声中的歌唱、音乐、寺庙钟声等声源则是游客普遍希望在森林环境中听到的声音。基于游客对森林声源的偏好特征，通过聚类分析可以将森林声源分为负面人为声、正面人为声、负面非人为声和正面非人为声四类。虽然乡村森林公园声景是一个复杂的感知系统，但通过语义细分法和因子分析提取发现：休闲娱乐、空间特性、声音的音质与动态以及环境知觉是对森林公园声景感知偏好起主导作用的 4 个因子。在实际工作中，可重点关注、处理这 4 个在森林声环境感知中起主导作用的因子，构建与之相关的评价体系，进而实现降维和简化问题的目的。

总体而言，在森林环境中鸟语、虫鸣、流水声、轻音乐、寺庙钟声等声信号的出现，会增强森林旅游者的沉浸感，并减轻其心理负荷。此外，不同的森林公园景观类型会显著影响游客对森林公园景观的感知偏好，游客在观赏山顶景观时的心理负荷最低，而在观赏林下景观、森林草甸、森林聚落时的心理负荷最高。结合声源类型进行更为具体的分析，会发现伴随着鸟语、虫鸣和流水声等自然声的山顶景观，或伴随着轻音乐、寺庙钟声等人为声的山顶景观，最有利于缓解游客的心理压力；对于森林草甸和森林聚落而言，当环境声充斥着嘈杂声和交通噪声时，会显著增加游客的心理负荷；而在林下景观中，鸟语、虫鸣、流水等自然声，以及轻音乐、寺庙钟声等人为声，并不如预想中会使游客身心得到放松，反倒是人语声或交通声可以适当降低游客的心理负荷。显然作为森林公园景观中最具荒野氛围的景观类型，林下景观所具备的景观结构和景观要素容易使森林旅游者产生紧张的情绪，但人语声和交通声的出现会在一定程度上使森林游客从深入丛林的紧张感中得到缓解。

此外，对于森林公园景观元素的设计与调整应该基于不同的声环境来确定。通过分析实验参与者在视听综合环境中的眼动热点图可以发现，当视觉图像与声音相一致时，可以显著增加被试的注视范围。此外，草本植物面积的增加在鸟语、虫鸣和流水声等正面自然声环境中并不利于游客兴趣点的形成，在嘈杂声和交通声等负面人为声环境中也会造成游客心理负荷的增加。森林中具有鲜明天际线且天空可视面积大的开敞空间更适于与轻音乐、寺庙钟声等声信号相配合，可以显著降低游客的心理负荷。此外，远景木本植物、天空、岩石等景观元素面积的增加在家养动物声中这类负面非人为声环境中也可以显著降低游客的心理负荷。

在森林公园景观感知偏好中，对实验参与者的眼动指标进行主成分提取，可以将眼动指标降维成两类指标，一类反映被试的投入程度，另一类反映被试的心理负荷程度。将眼动指标与主观评价指标（VAQ、TR）进行相关性分析发现，二者相关性不大，说明眼动指标与主观评价指标是不同维度的评价指标。眼动指标揭示了人类作为自然生物对环境的本能判断，而 VAQ 和 TR 得分则是评价者进行了一系列认知加工之后的产物，因为评价者在评估过程中权衡了评价对象的组成、形式、色彩、纹理甚至生态属性，必然结合了后天的学习经验和价值观。在实际工作中，对眼动指标的考察可以与 VAQ 和 TR 评价相结合，以便更准确地判断游客的感知特征，满足游客需求。

本书所涉及的创新之处主要有以下三点：（1）通过问卷调查，考察了森林旅游者对于森林公园声景的期待与喜好特征，为森林旅游资源的保护、开发和管理提供参考。（2）将视听综合实验与生理数据采集分析技术相结合，通过实证研究探索受试者在不同视听条件下的主观评价、情感状态以及注视特征，在一定程度上揭示了公众对于森林视听综合环境的感知规律。（3）基于声环境的影响，构建了具体森林公园景观要素与受试者感知偏好指标（包括主观评价维度和眼动指标）之间的影响模型，为森林公园景观规划设计实践提供借鉴。

这一研究过程主要体现了理论与实践的两方面意义：

（1）以量化分析为主线，构建了环境感知偏好中视听交互研究的理论与方法。本书将量化研究应用到森林公园景观感知偏好研究之中，就量化研究的目的与技术做了取舍和限定，强调了通过客观存在决定主观表达的核心价值判断，通过以量化数据为核心的研究方式，有助于研究景观现象与感知需求之间的辩证、对应关系，从而更好地掌握森林公园景观视听资源调配、规划设计与保护管理的方向。此外，将环境心理学理论、声景理论以及与认知科学中的视听感知交互理论引入研究探索与验证范畴，通过主客观相结合的广泛实地调查与重点开展的实验室研究，以量化分析为主线，积累与补充景观视听交互感知偏好的基础性数据，建构视听交互量化研究的理论与方法，符合哲学认知物质世界的科学世界观。对森林公园景观进行视听交互影响分析是对人居环境科学、环境心理学和认知科学研究方法与理论的跨学科探索，同时也是以森林公园景观为切入点，建立视听交互影响相关理论与评价系统的基础。

（2）以量化数据为基础，推进森林公园资源保护与管理的科学化。在实际建设过程中仅仅依靠设计师的主观判断以及固有的城市思维无法满足各类环境中使用者的使用需求，大量开展公众感知偏好研究有利于设计人员与管理者的经验积累，明确人居环境建设的目标。对于环境营造来说，与视听评价相关的研究应该是最基础的工作，尤其是从环境使用者出发、同步考量视听交互作用的景观评价研究对不同类型环境的规划设计与管理具有重要的实践指导价值。基于森林公园景观视听交互评价的量化数据提取，可以对森林环境中视听线索的构成效果进行科学判定，从现存状况和问题入手，在管理保护和工程实践中可采用有的放矢的视听资源品质提升方法。具体来说，在森林公园视听资源比选和进行实施效果评价时，通过量化数据客观分析与决策，使森林公园景观规划设计能够规范、高效地进行。以森林公园景观视听交互作用的量化评价数据作为基础和依据，可以推动森林资源保护与管理的工作更加理性，更加科学化。

本书从定性分析出发，最终在量化层面对森林公园景观的视听交互作用进行了研究，也揭示了受试者在视听综合环境下对森林公园景观的感知偏好特征。但考虑到景观感知研究的综合性以及人类心理、生理变化的复杂性，本书的研究结论仍需在实践中进一步的论证和优化。经验学派的观点认为，在景观感知研究中，公众对环境的感知偏好需要置于不同的社会文化背景下进行考察，而从以往有关于景观视觉质量和声景偏好的研究来看，受访者的人口统计学差异（即性别、年龄、教育水平、职业或生活环境）也确实会影响到环境感知偏好的结果（张玫、康健，2006：523—532）。然而，在本书的眼动实验部分，受教育程度较高的女性和城市年轻居民是参与实验的主体，这也许在一定程度上降低了研究结果的普适性。因此，在今后开展更广泛的人口统计学研究仍然是必要的。

技术的进步为景观感知研究提供了研究便利，也丰富了景观感知研究的手段，除了考察受试者的眼动指标外，其他生理信号，如皮电活动、肌电活动和脑电活动，也能反映受试者在环境中的感知特征（Aspinall等，2015：272—276）。在本研究中，主要是以静态场景播放的形式来展现森林公园景观，在未来的研究中可以进一步采用视频录制的方式以更好地还原森林旅游时的视觉效果，同时在视觉体验中加入鸟类、昆虫等动态景观要素的影响。此外，随着虚拟仿真技术和人机交互平台的成熟和应用，综合分析多个客观生理指标和主观心理指标无疑可以更好地提高实验设计的生态效度并更全面地反映环境感知中的生理与心理变化，有利于构建一个全方位的环境感知偏好体系，这应该是未来研究的目标。

在人类环境感知中，除视觉和听觉外，嗅觉、味觉、触觉以及其他体感也时刻就环境变化产生着反馈，虽然视听感官在环境的信息接收中发挥着主要作用，但其他感官对环境感知的影响也不容忽视，本书对此没有更多体现。在今后的研究中，需要对除视听之外的环境感知方式加以更多关注，开展多模态的综合感官研究，更加科学地揭示人类对环境的感知偏好特征。

附录一

森林旅游者的森林声源喜好调查表

问卷说明：当您置身于森林公园景观环境中，您喜欢听到以下声音吗？						
非常不喜欢	不喜欢	比较不喜欢	一般	比较喜欢	喜欢	非常喜欢
←						→
游客嘈杂声						
□－3	□－2	□－1	□0	□1	□2	□3
儿童嬉闹声						
□－3	□－2	□－1	□0	□1	□2	□3
歌唱						
□－3	□－2	□－1	□0	□1	□2	□3
叫卖						
□－3	□－2	□－1	□0	□1	□2	□3
音乐声						
□－3	□－2	□－1	□0	□1	□2	□3
广播						
□－3	□－2	□－1	□0	□1	□2	□3
寺庙钟声						
□－3	□－2	□－1	□0	□1	□2	□3
警报						
□－3	□－2	□－1	□0	□1	□2	□3
汽车						
□－3	□－2	□－1	□0	□1	□2	□3
摩托车						
□－3	□－2	□－1	□0	□1	□2	□3

续表

非常不喜欢	不喜欢	比较不喜欢	一般	比较喜欢	喜欢	非常喜欢
拖拉机						
□-3	□-2	□-1	□0	□1	□2	□3
自行车						
□-3	□-2	□-1	□0	□1	□2	□3
鸡鸣						
□-3	□-2	□-1	□0	□1	□2	□3
犬吠						
□-3	□-2	□-1	□0	□1	□2	□3
有蹄类家畜声						
□-3	□-2	□-1	□0	□1	□2	□3
微风吹树叶						
□-3	□-2	□-1	□0	□1	□2	□3
细雨打树叶						
□-3	□-2	□-1	□0	□1	□2	□3
狂风						
□-3	□-2	□-1	□0	□1	□2	□3
暴雨						
□-3	□-2	□-1	□0	□1	□2	□3
雷电						
□-3	□-2	□-1	□0	□1	□2	□3
流水声						
□-3	□-2	□-1	□0	□1	□2	□3
滴水声						
□-3	□-2	□-1	□0	□1	□2	□3
瀑布声						
□-3	□-2	□-1	□0	□1	□2	□3
鸟鸣						
□-3	□-2	□-1	□0	□1	□2	□3
虫鸣						
□-3	□-2	□-1	□0	□1	□2	□3

续表

非常不喜欢	不喜欢	比较不喜欢	一般	比较喜欢	喜欢	非常喜欢
蛙鸣						
□ -3	□ -2	□ -1	□0	□1	□2	□3

受访者基本情况			
您的性别：	□男		□女
您的年龄：	□18 ~ 25	□26 ~ 30	□31 ~ 40

附 录 二

森林旅游者的森林声环境喜好调查表

问卷说明：请根据以下形容词，选择您希望在森林公园景观环境中感受到什么样的声环境。								
	非常	很	比较	中立	比较	很	非常	
无方向	□－3	□－2	□－1	□0	□1	□2	□3	有方向
沉寂	□－3	□－2	□－1	□0	□1	□2	□3	有回声
近	□－3	□－2	□－1	□0	□1	□2	□3	远
慢	□－3	□－2	□－1	□0	□1	□2	□3	快
刺耳	□－3	□－2	□－1	□0	□1	□2	□3	柔和
软	□－3	□－2	□－1	□0	□1	□2	□3	硬
不纯	□－3	□－2	□－1	□0	□1	□2	□3	纯
沉重	□－3	□－2	□－1	□0	□1	□2	□3	轻快
音调低	□－3	□－2	□－1	□0	□1	□2	□3	音调高
平滑	□－3	□－2	□－1	□0	□1	□2	□3	粗糙
简单	□－3	□－2	□－1	□0	□1	□2	□3	变化
陌生	□－3	□－2	□－1	□0	□1	□2	□3	熟悉
紧张	□－3	□－2	□－1	□0	□1	□2	□3	平静
嘈杂	□－3	□－2	□－1	□0	□1	□2	□3	安静
忧伤	□－3	□－2	□－1	□0	□1	□2	□3	喜悦
枯燥	□－3	□－2	□－1	□0	□1	□2	□3	有趣
无意义	□－3	□－2	□－1	□0	□1	□2	□3	有意义
人工	□－3	□－2	□－1	□0	□1	□2	□3	自然
封闭	□－3	□－2	□－1	□0	□1	□2	□3	开放
非社交	□－3	□－2	□－1	□0	□1	□2	□3	社交

受访者基本情况			
您的性别：	□男		□女
您的年龄：	□18～25	□26～30	□31～40

附 录 三

视听场景的视觉美学质量与宁静度调查表

问卷说明：请您对所展示场景的视觉美学质量（VAQ）和宁静度（TR）进行评价。						
场景 1（V1 + S1）						
非常丑陋						非常美丽
□1	□2	□3	□4	□5	□6	□7
非常嘈杂						非常安静
□1	□2	□3	□4	□5	□6	□7
场景 2（V2 + S1）						
非常丑陋						非常美丽
□1	□2	□3	□4	□5	□6	□7
非常嘈杂						非常安静
□1	□2	□3	□4	□5	□6	□7
场景 3（V3 + S1）						
非常丑陋						非常美丽
□1	□2	□3	□4	□5	□6	□7
非常嘈杂						非常安静
□1	□2	□3	□4	□5	□6	□7
场景 4（V4 + S1）						
非常丑陋						非常美丽
□1	□2	□3	□4	□5	□6	□7
非常嘈杂						非常安静
□1	□2	□3	□4	□5	□6	□7

续表

场景 5（V5 + S1）						
非常丑陋						非常美丽
□1	□2	□3	□4	□5	□6	□7
非常嘈杂						非常安静
□1	□2	□3	□4	□5	□6	□7
场景 6（V6 + S1）						
非常丑陋						非常美丽
□1	□2	□3	□4	□5	□6	□7
非常嘈杂						非常安静
□1	□2	□3	□4	□5	□6	□7
场景 7（V7 + S1）						
非常丑陋						非常美丽
□1	□2	□3	□4	□5	□6	□7
非常嘈杂						非常安静
□1	□2	□3	□4	□5	□6	□7
场景 8（V1 + S2）						
非常丑陋						非常美丽
□1	□2	□3	□4	□5	□6	□7
非常嘈杂						非常安静
□1	□2	□3	□4	□5	□6	□7
场景 9（V2 + S2）						
非常丑陋						非常美丽
□1	□2	□3	□4	□5	□6	□7
非常嘈杂						非常安静
□1	□2	□3	□4	□5	□6	□7
场景 10（V3 + S2）						
非常丑陋						非常美丽
□1	□2	□3	□4	□5	□6	□7
非常嘈杂						非常安静
□1	□2	□3	□4	□5	□6	□7

续表

场景 11（V4＋S2）						
非常丑陋						非常美丽
□1	□2	□3	□4	□5	□6	□7
非常嘈杂						非常安静
□1	□2	□3	□4	□5	□6	□7
场景 12（V5＋S2）						
非常丑陋						非常美丽
□1	□2	□3	□4	□5	□6	□7
非常嘈杂						非常安静
□1	□2	□3	□4	□5	□6	□7
场景 13（V6＋S2）						
非常丑陋						非常美丽
□1	□2	□3	□4	□5	□6	□7
非常嘈杂						非常安静
□1	□2	□3	□4	□5	□6	□7
场景 14（V7＋S2）						
非常丑陋						非常美丽
□1	□2	□3	□4	□5	□6	□7
非常嘈杂						非常安静
□1	□2	□3	□4	□5	□6	□7
场景 15（V1＋S3）						
非常丑陋						非常美丽
□1	□2	□3	□4	□5	□6	□7
非常嘈杂						非常安静
□1	□2	□3	□4	□5	□6	□7
场景 16（V2＋S3）						
非常丑陋						非常美丽
□1	□2	□3	□4	□5	□6	□7
非常嘈杂						非常安静
□1	□2	□3	□4	□5	□6	□7

续表

场景 17（V3 + S3）						
非常丑陋						非常美丽
□1	□2	□3	□4	□5	□6	□7
非常嘈杂						非常安静
□1	□2	□3	□4	□5	□6	□7
场景 18（V4 + S3）						
非常丑陋						非常美丽
□1	□2	□3	□4	□5	□6	□7
非常嘈杂						非常安静
□1	□2	□3	□4	□5	□6	□7
场景 19（V5 + S3）						
非常丑陋						非常美丽
□1	□2	□3	□4	□5	□6	□7
非常嘈杂						非常安静
□1	□2	□3	□4	□5	□6	□7
场景 20（V6 + S3）						
非常丑陋						非常美丽
□1	□2	□3	□4	□5	□6	□7
非常嘈杂						非常安静
□1	□2	□3	□4	□5	□6	□7
场景 21（V7 + S3）						
非常丑陋						非常美丽
□1	□2	□3	□4	□5	□6	□7
非常嘈杂						非常安静
□1	□2	□3	□4	□5	□6	□7
场景 22（V1 + S4）						
非常丑陋						非常美丽
□1	□2	□3	□4	□5	□6	□7
非常嘈杂						非常安静
□1	□2	□3	□4	□5	□6	□7

续表

场景23（V2+S4）						
非常丑陋						非常美丽
□1	□2	□3	□4	□5	□6	□7
非常嘈杂						非常安静
□1	□2	□3	□4	□5	□6	□7
场景24（V3+S4）						
非常丑陋						非常美丽
□1	□2	□3	□4	□5	□6	□7
非常嘈杂						非常安静
□1	□2	□3	□4	□5	□6	□7
场景25（V4+S4）						
非常丑陋						非常美丽
□1	□2	□3	□4	□5	□6	□7
非常嘈杂						非常安静
□1	□2	□3	□4	□5	□6	□7
场景26（V5+S4）						
非常丑陋						非常美丽
□1	□2	□3	□4	□5	□6	□7
非常嘈杂						非常安静
□1	□2	□3	□4	□5	□6	□7
场景27（V6+S4）						
非常丑陋						非常美丽
□1	□2	□3	□4	□5	□6	□7
非常嘈杂						非常安静
□1	□2	□3	□4	□5	□6	□7
场景28（V7+S4）						
非常丑陋						非常美丽
□1	□2	□3	□4	□5	□6	□7
非常嘈杂						非常安静
□1	□2	□3	□4	□5	□6	□7

受访者基本情况			
您的性别：	□男		□女
您的年龄：	□18～25	□26～30	□31～40

附 录 四

视听实验的生态效度调查表

您是否感觉沉浸在这些视听场景中？										
我一点也不觉得沉浸其中										我完全沉浸在其中
-5	-4	-3	-2	-1	0	1	2	3	4	5
这些视听场景是否给您带来了真实体验？										
非常不真实										非常真实
-5	-4	-3	-2	-1	0	1	2	3	4	5

受访者基本情况			
您的性别：	□男		□女
您的年龄：	□18～25	□26～30	□31～40

参考文献

蔡学林、廖为明、张天海、李小毛、陈飞平、邓荣根:《森林声景观类型的划分与评价初探》,《江西农业大学学报》2010年第32卷第6期。

曹娟、梁伊任、章俊华:《北京市自然保护区景观调查与评价初探》,《中国园林》2004年第7期。

陈从周:《钟情山水　知己泉石——漫谈风景名胜区建设管理》,《城市规划》1985年第5期。

陈飞平、廖为明:《森林声景观评价指标体系构建的探讨》,《林业科学》2012年第48卷第4期。

陈克安、陆晶、杨筱林、李冰:《公园声景观感知属性维度数实验研究》,《噪声与振动控制》2009年第29卷第4期。

陈星、杨豪中:《园林中"声景元素"的基本特质及互动关系研究》,《西安建筑科技大学学报》(自然科学版)2014年第46卷第1期。

陈有民:《论中国的风景类型》,《北京林学院学报》1982年第2期。

陈筝、董楠楠、刘颂、张耀之、丁茜:《上海城市公园使用对健康影响研究》,《风景园林》2017年第9期。

陈筝、帕特里克·A. 米勒:《走向循证的风景园林:美国科研发展及启示》,《中国园林》2013年第29卷第12期。

成玉宁、谭明:《基于量化技术的景观色彩环境优化研究——以南京中山陵园中轴线为例》,《西部人居环境学刊》2016年第31卷第4期。

成玉宁、袁旸洋:《当代科学技术背景下的风景园林学》,《风景园林》2015年第7期。

程天佑、邵小云、齐家国:《城市交通对城市公园声环境影响研究》,《科技通报》2016 年第 32 卷第 11 期。
仇梦媛、王芳、沙润、侯国林:《游客对旅游景区声景观属性的感知和满意度研究——以南京夫子庙—秦淮风光带为例》,《旅游学刊》2013 年第 28 卷第 1 期。
仇梦媛、张捷、张宏磊、李莉、张卉:《基于旅游声景认知的游客环保行为驱动机制研究——以厦门鼓浪屿为例》,《旅游学刊》2017 年第 32 卷第 11 期。
邓金平、王伟峰、张邦文、廖为明:《森林公园声景观与视觉景观耦合评价研究——以江西三爪仑国家森林公园为例》,《江西农业学报》2011 年第 23 卷第 12 期。
邓秋才、韩铭哲、段广德、韩鹏:《哈达门国家森林公园风景质量的分析与评价》,《内蒙古林学院学报》1996 年第 2 期。
邓志勇:《现代城市的声环境设计》,《城市规划》2002 年第 26 卷第 10 期。
范榕、李卫正、王浩:《基于视觉吸引分析的迁西县绿道规划研究》,《中国园林》2017 年第 33 卷第 12 期。
范榕、王浩、乐志:《基于主成分分析法的城市公园空间视觉吸引机制模式研究——以西雅图奥林匹克雕塑公园为例》,《中国园林》2017 年第 33 卷第 9 期。
范榕、王浩、邱冰:《基于视觉吸引机制分析的长荡湖景观风貌优化策略》,《中国园林》2018 年第 34 卷第 8 期。
冯纪忠:《组景刍议》,《同济大学学报》1979 年第 4 期。
高闯:《眼动实验原理:眼动的神经机制、研究方法与技术》,华中师范大学出版社 2012 年版。
葛坚、卜菁华:《关于城市公园声景观及其设计的探讨》,《建筑学报》2003 年第 9 期。
葛坚、赵秀敏、石坚韧:《城市景观中的声景观解析与设计》,《浙江大学学报》(工学版)2004 年第 38 卷第 8 期。
葛坚、诸富研、外尾一则:《城市声景观表述方法的研究》,《华南理工大学学报》(自然科学版)2007 年第 S1 期。
葛天骥、朱逊、叶鹤宸:《城市公园不同鸟鸣的声景评价差异性研究》,

《城市建筑》2018 年第 23 期。
郭素玲、赵宁曦、张建新、薛婷、刘培学、徐帅、许丹丹:《基于眼动的景观视觉质量评价——以大学生对宏村旅游景观图片的眼动实验为例》,《资源科学》2017 年第 39 卷第 6 期。
韩君伟、董靓:《基于心理物理方法的街道景观视觉评价研究》,《中国园林》2015 年第 31 卷第 5 期。
蒿奕颖:《声景中声掩蔽效应导向的规划设计》,《新建筑》2014 年第 5 期。
何谋、庞弘:《声景的研究与进展》,《风景园林》2016 年第 5 期。
洪玲霞、陆元昌、雷相东:《金沟岭林场森林公园景观分类及景观变化研究》,《林业科学研究》2004 年第 6 期。
洪昕晨、林洲瑜、朱里莹、兰思仁:《城郊型森林公园声环境评价指标筛选研究》,《林业资源管理》2016 年第 2 期。
洪昕晨、袁铁男、潘明慧、王亚蕾、吴沙沙、兰思仁:《基于声景生态学的竹林声景喜好度评价研究》,《建筑科学》2018 年第 34 卷第 4 期。
侯万钧、张振伟、马蕙:《天子冢与天元山台阶水滴声声景观的实验研究》,《声学技术》2018 年第 37 卷第 1 期。
胡杨、张秦英、白云鹏:《中国传统名花声景观营造探析》,《北京林业大学学报》2015 年第 37 卷第 S1 期。
胡正凡、林玉莲:《环境心理学（第三版)》,中国建筑工业出版社 2012 年版。
扈军、葛坚、李东浩:《基于 GIS 的声景观地图制作与分析——以杭州柳浪闻莺公园为例》,《浙江大学学报》（工学版）2015 年第 49 卷第 7 期。
黄潇婷、李玟璇:《眼动实验研究方法》,《旅游导刊》2017 年第 1 卷第 5 期。
纪卿:《校园规划中的园林声景设计——从传统方法到软件优化》,《中国园林》2006 年第 22 卷第 8 期。
蒋锦刚、邵小云、万海波、齐家国、荆长伟、程天佑:《基于语谱图特征信息分割提取的声景观中鸟类生物多样性分析》,《生态学报》2016 年第 36 卷第 23 期。

凯文·林奇:《城市意象》,华夏出版社 2001 年版。
康健、金虹、邵腾:《中国严寒地区村镇物理环境研究进展》,《科技导报》2016 年第 34 卷第 18 期。
康健:《声景:现状及前景》,《新建筑》2014 年第 5 期。
康健、杨威:《城市公共开放空间中的声景》,《世界建筑》2002 年第 6 期。
乐志、梁晓娜、范榕:《苏州古典园林中的视觉质量评价分析》,《中国园林》2017 年第 33 卷第 1 期。
李波波、李桦林、刘昊华、王少华:《"水鸣天梯"声景观成因分析》,《声学技术》2018 年第 37 卷第 3 期。
李春明、张会:《城市声景观参与式感知客户端软件研制》,《环境科学与技术》2017 年第 40 卷第 S2 期。
李贵:《听见都城:北宋文学对东京基调声景的书写》,《苏州大学学报》(哲学社会科学版)2018 年第 39 卷第 2 期。
李国棋:《声景研究和声景设计》,清华大学,博士学位论文,2004 年。
李华、王雨晴、陈飞平:《梅岭国家森林公园声景观的游客调查评价》,《林业科学》2018 年第 54 卷第 6 期。
李晖:《风景评价的灰色聚类——风景资源评价中一种新的量化方法》,《中国园林》2002 年第 1 期。
李牧:《被遗忘的声音:关于听觉民俗、听觉遗产研究的构想》,《文化遗产》2018 年第 1 期。
李树华、张文秀:《园艺疗法科学研究进展》,《中国园林》2009 年第 25 卷第 8 期。
李显生、李明明、任有、严佳晖、陈小夏:《城市不同道路线形下的驾驶人注视特性》,《吉林大学学报》(工学版)2016 年第 46 卷第 5 期。
李竹颖、林琳:《基于语义细分法的校园声景评价因子提取—以中山大学南校区为例》,《规划师》2015 年第 31 卷第 S1 期。
梁力尹:《广州白云山森林公园景观的分类与格局分析》,华南农业大学,硕士学位论文,2008 年。
林建恒、高大治、衣雪娟、张新耀:《"招鹤回鸣":布拉格共振声学景观》,《声学技术》2016 年第 35 卷第 2 期。

刘爱利、胡中州、刘敏、邓志勇、姚长宏:《声景学及其在旅游地理研究中的应用》,《地理研究》2013 年第 32 卷第 6 期。
刘爱利、刘福承、邓志勇、刘敏、姚长宏:《文化地理学视角下的声景研究及相关进展》,《地理科学进展》2014 年第 33 卷第 11 期。
刘滨谊、陈丹:《论声景类型及其规划设计手法》,《风景园林》2009 年第 1 期。
刘滨谊、范榕:《景观空间视觉吸引要素量化分析》,《南京林业大学学报》(自然科学版)2014 年第 38 卷第 4 期。
刘滨谊:《风景景观工程体系化》,中国建筑工业出版社 1990 年版。
刘滨谊:《风景旷奥度——电子计算机、航测辅助风景规划设计》,《新建筑》1988 年第 3 期。
刘滨谊:《景观环境视觉质量评估》,《同济大学学报》1990 年。
刘滨谊:《中国风景园林规划设计学科专业的重大转变与对策》,《中国园林》2001 年第 1 期。
刘芳芳、刘松茯、康健:《城市户外空间声环境评价中的性别差异研究——以英国谢菲尔德市为例》,《建筑科学》2012 年第 28 卷第 6 期。
刘芳芳:《欧洲城市景观的视听设计研究——基于视听案例分析的设计探索》,《新建筑》2014 年第 5 期。
刘惠明、杨燕琼、罗富和:《基于 3S 技术的景观敏感度测定研究》,《华南农业大学学报》(自然科学版)2003 年第 24 卷第 3 期。
刘江、康健、霍尔格·伯姆、罗涛:《城市开放空间声景感知与城市景观关系探究》2014 年第 5 期。
刘银生、赵新飞:《公路生态声屏障设计研究》,《公路》2007 年第 7 期。
陆兆苏、赵德海、赵仁寿、任宝山:《南京市钟山风景区森林经理的实践和研究》,《华东森林经理》1991 年第 1 期。
马蕙、王丹丹:《城市公园声景观要素及其初步定量化分析》,《噪声与振动控制》2012 年第 32 卷第 1 期。
马明、蔡镇钰:《健康视角下城市绿色开放空间研究——健康效用及设计应对》,《中国园林》2016 年第 32 卷第 11 期。
孟琪、康健:《城市边缘区的声景观研究——以哈尔滨市糖厂社区规划为例》,《城市规划》2018 年第 42 卷第 4 期。

庞波、倪建伟:《中国森林小镇发展报告(2018)》,社会科学出版社2018年版。
彭慧蕴、谭少华:《城市公园环境的恢复性效应影响机制研究——以重庆为例》,《中国园林》2018年第34卷第9期。
齐津达、傅伟聪、李炜、林双毅、董建文:《基于GIS与SBE法的旗山国家森林公园景观视觉评价》,《西北林学院学报》2015年第30卷第2期。
秦华、孙春红:《城市公园声景特性解析》,《中国园林》2009年第25卷第7期。
秦佑国:《声景学的范畴》,《建筑学报》2005年第1期。
裘亦书、高峻、詹起林:《山地视觉景观的GIS评价——以广东南昆山国家森林公园为例》,《生态学报》2011年第31卷第4期。
裘亦书:《基于GIS技术的景观视觉质量评价研究——以四川省九寨沟为例》,上海师范大学,博士学位论文,2013年。
任欣欣、康健、刘晓光:《生态水体景观视觉影响下道路交通声评价的实验研究》,《声学学报》2015年第40卷第3期。
任欣欣、康健:《中英乡村旅游者的声喜好比较研究》,《城市建筑》2016年第28期。
任欣欣:《视听交互作用下的乡村声景研究》,哈尔滨工业大学,博士学位论文,2016年。
任欣欣:《严寒地区乡村声景研究》,《新建筑》2014年第5期。
邵华:《基于眼动分析的采煤塌陷地修复景观视觉质量评价》,中国矿业大学,硕士学位论文,2018年。
邵钰涵、刘滨谊:《乡村景观的视觉感知分析》,《中国园林》2016年第32卷第9期。
孙筱祥:《中国风景名胜区》,《北京林学院学报》1982年第2期。
孙漪南、赵芯、王宇泓、李方正、李雄:《基于VR全景图技术的乡村景观视觉评价偏好研究》,《北京林业大学学报》2016年第38卷第12期。
孙崟崟、朴永吉、朱文倩:《城市公园声景分析及GIS声景观图在其中的应用》,《西北林学院学报》2012年第27卷第4期。
孙玉军、王雪军、张志、张志涛:《基于GIS的森林景观定量分类》,《生态学报》2003 年第 23 卷第 12 期。
谭明、王一婧、成玉宁:《五颜六色：数字化景观环境色彩构成研究——以南京赏樱风光带色彩规划设计为例》,《中国园林》2017 年第 33 卷第 10 期。
谭少华、雷京:《促进人群健康的社区环境与规划策略研究》,《建筑与文化》2015 年第 1 期。
谭少华、彭慧蕴:《袖珍公园缓解人群精神压力的影响因子研究》,《中国园林》2016 年第 32 卷第 8 期。
唐东芹、杨学军、许东新:《园林植物景观评价方法及其应用》,《浙江林学院学报》2001 年第 4 期。
唐真、刘滨谊:《视觉景观评估的研究进展》, 《风景园林》2015 年第 9 期。
田方、李明阳、葛飒、张晓东、崔志华:《基于 GIS 的紫金山国家森林公园声景观空间格局研究》,《南京林业大学学报》（自然科学版）2014 年第 38 卷第 6 期。
王恒、熊建萍:《不同运动水平男大学生观察排球扣球视频的眼动特征》,《体育学刊》2010 年第 17 卷第 7 期。
王九龄:《中国林业生态环境建设》，人民出版社 2002 年版。
王俊帝、刘志强、邵大伟、余慧:《基于 CiteSpace 的国外城市绿地研究进展的知识图谱分析》,《中国园林》2018 年第 34 卷第 4 期。
王明:《眼动分析用于景观视觉质量评价之初探》，南京大学，硕士学位论文，2011 年。
王书艳:《声音的风景：园林视域中的唐诗听觉意象》,《云南社会科学》2012 年第 3 期。
王晓俊:《风景资源管理和视觉影响评估方法初探》,《南京林业大学学报》（自然科学版）1992 年第 3 期。
王晓俊:《美国风景资源管理系统及其方法》,《自然资源学报》1993 年第 4 期。
王晓俊:《试论风景审美的进化理论》,《南京农业大学学报》1994 年第 4 期。
王亚平、徐晓蕾、孙明霞:《园林水景声音喜好度研究》,《建筑科学》

2015 年第 31 卷第 4 期。

王云才、陈田、石忆邵:《文化遗址的景观敏感度评价及可持续利用——以新疆塔什库尔干石头城为例》,《地理研究》2006 年第 25 卷第 3 期。

韦新良、周国模、余树全:《森林景观分类系统初探》,《中南林业调查规划》1997 年第 16 卷第 3 期。

翁玫:《听觉景观设计》,《中国园林》2007 年第 12 期。

翁殊斐、柯峰、黎彩敏:《用 AHP 法和 SBE 法研究广州公园植物景观单元》,《中国园林》2009 年第 25 卷第 4 期。

吴必虎、李咪咪:《小兴安岭风景道旅游景观评价》,《地理学报》2001 年第 56 卷第 2 期。

吴明隆:《问卷统计分析实务——SPSS 操作与应用》,重庆大学出版社 2010 年版。

吴硕贤:《〈诗经〉中的声景观》,《建筑学报》2012 年第 S1 期。

吴硕贤:《园林声景略论》,《中国园林》2015 年第 31 卷第 5 期。

吴颖娇、张邦俊:《环境声学的新领域——声景观研究》,《科技通报》2004 年第 20 卷第 6 期。

武锋、郑松发、陆钊华、朱宏伟:《珠海淇澳岛红树林声景观评价》,《西北林学院学报》2014 年第 29 卷第 6 期。

相马一郎、佐古顺彦:《环境心理学》,周畅、李曼曼译,中国建筑工业出版社 1986 年版。

谢辉、辛尚:《山地城市公园声景研究——以重庆市碧津公园为例》,《西部人居环境学刊》2016 年第 31 卷第 5 期。

谢凝高:《试论因山就势》,《中国园林》1985 年第 1 期。

徐秋石、刘兵:《声音研究——一个全新的 STS 研究领域》,《自然辩证法通讯》2018 年第 40 卷第 4 期。

许晓青、杨锐、彼得·纽曼、德瑞克·塔夫:《国家公园声景研究综述》,《中国园林》2016 年第 32 卷第 7 期。

杨帆:《森林公园生态旅游资源的开发和保护》,《中南林业调查规划》1996 年第 4 期。

杨·盖尔:《交往与空间》,何人可译,中国建筑工业出版社 2002 年版。

杨建明、余雅玲、游丽兰:《福州国家森林公园的游客市场细分——基于游憩动机的因子—聚类分析》，《林业科学》2015 年第 51 卷第 9 期。
尹露、王雨婷、罗斌、张良培：《基于眼动跟踪的自动瞄准技术研究》，《兵工学报》2014 年第 35 卷第 S1 期。
于博雅、康健、马蕙：《城市步行街空间设计因素对声景感知的影响》，《新建筑》2014 年第 5 期。
余磊、康健、刘欢：《城市设计元素对声景的影响研究——以深圳东门文化广场为例》，《新建筑》2014 年第 5 期。
余树勋：《北方城市噪声如何减弱——在“面向 21 世纪首都绿化学术研讨会”上的发言》，《中国园林》2000 年第 2 期。
俞孔坚、吉庆萍：《专家与公众景观审美差异研究及对策》，《中国园林》1990 年第 2 期。
俞孔坚：《景观保护规划的景观敏感度依据及案例研究》，《城市规划》1991 年第 2 期。
俞孔坚：《景观敏感度与阈值评价研究》，《地理研究》1991 年第 2 期。
俞孔坚：《景观：文化、生态与感知》，科学出版社 1998 年版。
俞孔坚、李迪华、段铁武：《敏感地段的景观安全格局设计及地理信息系统应用——以北京香山滑雪场为例》，《中国园林》2001 年第 1 期。
俞孔坚：《中国自然风景资源管理系统初探》，《中国园林》1987 年第 3 期。
俞孔坚：《自然风景质量评价研究——BIB-LCJ 审美评判测量法》，《北京林业大学学报》1988 年第 2 期。
袁方：《社会研究方法论教程》，北京大学出版社 1997 年版。
袁晓梅、吴硕贤：《中国古典园林的声景观营造》，《建筑学报》2007 年第 2 期。
袁晓梅：《中国古典园林声景思想的形成及演进》，《中国园林》2009 年第 25 卷第 7 期。
袁旸洋、朱辰昊、成玉宁：《城市湖泊景观水体形态定量研究》，《风景园林》2018 年第 25 卷第 8 期。
曾祥焱：《基于眼动分析法的武汉东湖绿道景观视觉质量评价研究》，华中科技大学，硕士学位论文，2017 年。
张昶、王涵、王成：《基于眼动的城市森林景观视觉质量评价及距离变化分析》，《中国城市林业》2020 年第 18 卷第 1 期。
张道永、陈剑、徐小军：《声景理念的解析》，《合肥工业大学学报》（自然科学版）2007 年第 30 卷第 1 期。
张国强、贾贯中：《风景规划：〈风景名胜区规划规范〉实施手册》，中国建筑工业出版社 2003 年版。
张俊玲、刘希：《论中国传统园林声景之构成》，《中国园林》2012 年第 28 卷第 2 期。
张林波、王维、吴春旭、熊严军：《基于 GIS 的视觉景观影响定量评价方法理论与实践》，《生态学报》2008 年第 28 卷第 6 期。
张玫、康健：《城市公共开敞空间中的声景语义细分法分析的跨文化研究》，《声学技术》2006 年第 25 卷第 6 期。
张明丽、胡永红、秦俊：《城市植物群落的减噪效果分析》，《植物资源与环境学报》2006 年第 15 卷第 2 期。
张强、潘辉、王燕玲、李阳骄、徐恒、黄豪璐：《基于 GIS 的城市山地公园视觉景观评价技术及实证》，《林业资源管理》2016 年第 4 期。
张善峰、许大为：《牡丹峰国家森林公园开发强度控制策略》，《森林工程》2005 年第 21 卷第 3 期。
张勇、邹志荣：《园林中的引鸟设计》，《园林》2004 年第 9 期。
赵兵：《农村美化设计》，中国林业出版社 2011 年版。
赵警卫、胡晴、张莉、朱小军：《声景观及其与视觉审美感知关系研究进展》，《东南大学学报》（哲学社会科学版）2015 年第 17 卷第 4 期。
赵警卫、杨士乐、张莉：《声景观对视觉美学感知效应的影响》，《城市问题》2017 年第 4 期。
钟乐、王伟峰、龚鹏、古新仁：《森林声景资源评价指标体系构建研究》，《生态科学》2017 年第 36 卷第 1 期。
钟乐、杨锐、赵智聪：《基于文献计量分析的国家公园建设英文文献述评》，《中国园林》2018 年第 34 卷第 7 期。
朱畅中：《自然风景区的规划建设与风景保护》，《城市规划》1982 年第 1 期。
朱观海：《论当前风景区建设的一种动向》，《城市规划汇刊》1985 年第 5 期。

Appleton, J., 1975, *The Experience of Landscape*, London: John Wiley and Sons.

Crofts, R. S., 1975, *The Landscape Component Approach to Landscape Evaluation*, London: John Wiley and Sons.

Daniel, T. C., Boster, R. S., 1976, *Measuring Landscape Esthetics: The Scenic Beauty Estimation Method*, Fort Collins, CO: Rocky Mountain Forest and Range Experiment Station.

Elsner, G. H., Smardon, R. C., 1979, *Proceedings of Our National Landscape: A Conference on Applied Techniques for Analysis and Management of the Visual Resource, Incline Village, Nevada*, Berkeley: Pacific Southwest Forest and Range Experiment Station.

Fein, A., 1972, *A Study of the Profession of Landscape Architecture*, Princeton: The Gallup Organization, Inc.

Gidlof-Gunnarsson, A., Ohrstrom, E., Ogren, M., 2007, "Noise Annoyance and Restoration in Different Courtyard Settings: Laboratory Experiments on Audio-visual Interactions", Paper Delivered to Proceedings of the Inter-Noise, Turkey.

Herranz-Pascual, K., Aspuru, I., Garcia, I., 2010, "Proposed Conceptual Model of Environment Experience as Framework to Study the Soundscape", Paper Delivered to Proceedings of the Inter-Noise. Lisbon, Portugal.

Kang, J., 2006, *Urban Sound Environment*, London: Taylor & Francis Incorporating Spon.

Kaplan, R., Kaplan, S., 1989, *The Experience of Nature: A Psychological Perspective*, New York: Cambridge University Press.

Penning-Rowsell, E., 1973, *Alternative Approaches to Landscape Appraisal and Evaluation*, London Borough of Enfield: Middlesex Polytechnic.

Sevenant, M., 2010, *Variation in Landscape Perception and Preference: Experiences from Case Studies in Rural and Urban Landscapes Observed by Different groups of Respondents*, PhD Thesis, Ghent: Ghent University.

Smardon, R. C., Palmer, J. F., Felleman, J. P., 1986, *Foundations for*

Visual Project Analysis, New York: John Wiley and Sons.

Zube, E. H., Pitt, D. G., Anderson, T. W., 1974, *Perception and Measurement of Scenic Resources in the Southern Connecticut River Valley*, Amherst, MA: Institute for Man and His Environment, University of Massachusetts.

Acar, C., Sakici, Ç., 2008, "Assessing Landscape Perception of Urban Rocky Habitats" *Building and Environment*, Vol. 43, No. 6, pp. 1153 – 1170.

Ahern, S., Beatty, J., 1979, "Pupillary Responses During Information Processing Vary with Scholastic Aptitude test Scores", *Science*, Vol. 205, pp. 1289 – 1292.

Aletta, F., Van Renterghem, T., Botteldooren, D., 2018, "Influence of Personal Factors on Sound Perception and Overall Experience in Urban Green Areas. A Case Study of a Cycling Path Highly Exposed to Road Traffic Noise", *International Journal of Environmental Research and Public Health*, Vol. 15, p. 1118.

Alvarsson, J. J., Wiens, S., Nilsson, M. E., 2010, "Stress Recovery During Exposure to Nature Sound and Environmental Noise", *International Journal of Environmental Research and Public Health*, Vol. 7, No. 3, pp. 1036 – 1046.

Arriaza, M., Cañas-Ortega, J. F., Cañas-Madueño, J. A., Ruiz-Aviles, P., 2004, "Assessing the Visual Quality of Rural Landscapes", *Landscape and Urban Planning*, Vol. 69, No. 1, pp. 115 – 125.

Arthur, L. M., 1977, "Predicting Scenic Beauty of Forest Environments: Some Empirical Tests", *Forest Science*, Vol. 23, No. 2, pp. 151 – 160.

Aspinall, P., Mavros, P., Coyne, R., Roe, J., 2015, "The Urban Brain: Analysing Outdoor Physical Activity with Mobile Eeg", *British Journal of Sports Medicine*, Vol. 49, pp. 272 – 276.

Axelsson, O., Nilsson, M. E., Berglund, B. A., 2010, "Principal Components Model of Soundscape Perception", *Journal of the Acoustical Society of America*, Vol. 128, No. 5, pp. 2836 – 2846.

Bennett, A., Rogers, I., 2014, "Street Music, Technology and the Urban Soundscape", *Continuum: Journal of Media & Cultural Studies*, Vol. 28,

No. 4, pp. 454 – 464.

Bishop, I. D., 1999, "Modeling Landscape Change: Visualization and Perception", in Usher M. B., ed. *Landscape Character: Perspectives on Management and Change*. The Stationary Office, Edinburgh, pp. 150 – 161.

Bishop, I. D., Rohrmann, B., 2003, "Subjective Responses to Simulated and Real Environments: A Comparison", *Landscape and Urban Planning*, Vol. 65, pp. 261 – 277.

Bogart, L., Tolley, B. S., 1988, "The Search for Information in Newspaper Advertising", *Journal of Advertising Research*, Vol. 28, No. 2, pp. 9 – 19.

Bowler, D. E., Buyung-ali, L. M., Knight, T. M., Pullin, A. S., 2010, "A Systematic Review of Evidence for the Added Benefits to Health of Exposure to Natural Environments", *BMC Public Health*, Vol. 10, No. 1, p. 456.

Brocolini, L., Lavandier, C., Quoy, M., Ribeiro, C., 2013, "Measurements of Acoustic Environments for Urban Soundscapes: Choice of Homogeneous Periods, Optimization of Durations, and Selection of Indicators", *The Journal of the Acoustical Society of America*, Vol. 134, pp. 813 – 821.

Brown, A. L., Kang, J., Gjestland, T., 2011, "Towards Standardization in Soundscape Preference Assessment", *Applied Acoustics*, Vol. 72, No. 6, pp. 387 – 392.

Brown, T., Keane, T., Kaplan, S., 1986, "Aesthetics and Management: Bridging the Gap", *Landscape and Urban Planning*, Vol. 13, pp. 1 – 10.

Buhyoff, G. J., Wellman, J. D., Harvey, H., Fraser, R. A., 1978, "Landscape Architects' Interpretations of People's Landscape Preferences", *Journal of Environmental Management*, Vol. 6, No. 3, pp. 255 – 262.

Bulut, Z., Karahan, F., Sezen, I., 2010, "Determining Visual Beauties of Natural Waterscape: A Case Study of Tortum Valley (Erzurum/Turkey)", *Scientific Research and Essay*, Vol. 5, No. 2, pp. 170 – 182.

Buzdar, N., Hernandez, B., Le, A., Sigler, M., 2017, "Influence of Expectation on McGurk Effect", *Journal of Vision*, Vol. 17, No. 10, p. 1350.

Calleja, A., Díaz-Balteiro, L., Iglesias-Merchan, C., Solio, M., 2017, "Acoustic and Economic Valuation of Soundscape: An Application to the

'Retiro' Urban Forest Park", *Urban Forestry & Urban Greening*, Vol. 27, pp. 272 – 278.

Carles, J. L., Barrio, I. L., De Lucio, J. V., 1999, "Sound Influence on Landscape Values", *Landscape and Urban Planning*, Vol. 43, pp. 191 – 200.

Cervinka, R., Schwab, M., Schönbauer, R., Hämmerle, I., Pirgie, L., Sudkamp, J., 2016, "My Garden-my Mate? Perceived Restorativeness of Private Gardensand its Predictors", *Urban Forestry & Urban Greening*. Vol. 16, pp. 182 – 187.

Chau, K., Lam, K., Marafa, L. M., 2010, "Visitors' Response to Extraneous Noise in Countryside Recreation Areas", *Noise Control Engineering Journal*, Vol. 58, pp. 484 – 492.

Chen, B., Adimo, O. A., Bao, Z., 2009, "Assessment of Aesthetic Quality and Multiple Functions of Urban Green Space from the Users' Perspective: The Case of Hangzhou Flower Garden, China", *Landscape and Urban Planning*, Vol. 93, pp. 76 – 82.

Chen, B. X., Qi, X. H., Qiu, Z. M., 2018, "Recreational Use of Urban Forest Parks: A Case Study in Fuzhou National Forest Park, China", *Journal of Forest Research*, Vol. 23, No. 3, pp. 183 – 189.

Chesmore, D., 2004, "Automated Bioacoustic Identification of Species", *Academia Brasileira De Ciencias*, Vol. 76, No. 2, pp. 435 – 440.

Cooper, I., 2002, "Transgressing Discipline Boundaries: Is BEQUEST an Example of 'The new Production of Knowledge'?", *Building Research & Information*, Vol. 30, No. 2, pp. 116 – 129.

Cracknell, D., White, M. P., Pahl, S., Depledge, M. H., 2017, "A Preliminary Investigation Into the Restorative Potential of Public Aquaria Exhibits: A UK Student-based Study", *Landscape Research*, Vol. 42, pp. 18 – 32.

Dadvand, P., Nieuwenhuijsen, M. J., Esnaola, M., Forns, J., Basagaña, X., Alvarez-Pedrerol, M., Rivas, I., López-Vicente, M., Pascual, M. D. C., Su, J., 2015, "Green Spaces and Cognitive Development in Primary Schoolchildren", *Proceedings of the National Academy of Sciences*, Vol. 112, No. 26, pp. 7937 – 7942.

Daniel, T. C., Vining, J., 1983, "Methodological Issues in the Assessment of Landscape Quality", *Behavior and the Natural Environment*, Vol. 6, pp. 51 – 55.

Dearden, P., 1981, "Public Participation and Scenic Quality Analysis", *Landscape Planning*, Vol. 8, No. 1, pp. 3 – 19.

De Coensel, B., Botteldooren, D., 2006, "The Quiet Rural Soundscape and how to Characterize it", *Acta Acustica united with Acustica*, Vol. 92, No. 6, pp. 887 – 897.

De Lucio, J. V., Mohamadian, M., Ruiz, J. P., Banayas, J., Bernaldez, FG., 1996, "Visual Landscape Exploration as Revealed by eye Movement Tracking", *Landscape and Urban Planning*, Vol. 34, No. 2, pp. 135 – 142.

Deng, L., Li, X., Luo, H., Fu, E. K., Jia, Y., 2020, "Empirical Study of Landscape Types, Landscape Elements and Landscape Components of the Urban Park Promoting Physiological and Psychological Restoration", *Urban Forestry & Urban Greening*, Vol. 48, 126488.

Deng, S. Q., Yan, J. F., Guan, Q. W., Katoh, M., 2013, "Short-term Effects of Thinning Intensity on Scenic Beauty Values of Different Stands", *Journal of Forest Research*, Vol. 18, No. 3, pp. 209 – 219.

Dong, W. H., Liao, H., Zhan, Z. C., Liu, B., Wang, S. K., Yang T. Y., 2019, "New Research Progress of eye Tracking-based Map Cognition in Cartography Since 2008", *Acta Geographica Sinica*, Vol. 74, No. 3, pp. 599 – 614.

Dubois, D., Guastavino, C., Raimbault, M., 2006, "A Cognitive Approach to Urban Soundscapes: Using Verbal Data to Access Everyday Life Auditory Categories", *Acta Acustica united with Acustica*, Vol. 92, No. 6, pp. 865 – 874.

Duchowski, A. T., 2002, "A Breadth-first Survey of Eye-tracking Applications", *Behavior Research Methods, Instruments, & Computers*, Vol. 34, No. 4, pp. 455 – 470.

Dupont, L., Antrop, M., 2014, "Eye-tracking Analysis in Landscape Perception Research: Influence of Photograph Properties and Landscape Characteristics", *Landscape Research*, Vol. 39, No. 4, pp. 417 – 432.

Dupont, L., Antrop, M., 2015, "Does Landscape Related Expertise Influence the Visual Perception of Landscape Photographs? Implications for Participatory Landscape Planning and Management", *Landscape and Urban Planning*, Vol. 141, pp. 68 – 77.

Dupont, L., Ooms, K., Antrop, M., Eetvelde, V. V., 2016, "Comparing Saliency Maps and Eye-tracking Focus Maps: The Potential use in Visual Impact Assessment Based on Landscape Photographs", *Landscape and Urban Planning*, Vol. 148, pp. 17 – 26.

Ebenberger, M., Arnberger, A., 2019, "Exploring Visual Preferences for Structural Attributes of Urban Forest Stands for Restoration and Heat Relief", *Urban Forestry & Urban Greening*, Vol. 41, pp. 272 – 282.

Echevarria Sanchez, G. M., Van Renterghem, T., Sun, K., De Coensel, B., Botteldooren, D., 2017, "Using Virtual Reality for Assessing the Role of Noise in the Audio-visual Design of an Urban Public Space", *Landscape and Urban Planning*, Vol. 167, pp. 98 – 107.

Fang, C. F., Ling, D. L., 2005, "Guidance for Noise Reduction Provided by tree Belts", *Landscape and Urban Planning*, Vol. 71, No. 1, pp. 29 – 34.

Fredrickson, B. L., 2004, "The Broaden-and-build Theory of Positive Emotions", *Philosophical Transactions of the Royal Society of London. Series B: Biological Sciences*, Vol. 359, pp. 1367 – 1377.

Fricke, F., 1984, "Sound Attenuation in Forests", *Journal of Sound and Vibration*, Vol. 92, No. 1, pp. 149 – 158.

Gidlof-Gunnarsson, A., Ohrstrom, E., 2007, "Noise and Well-being in Urban Residential Environments: The Potential Role of Perceived Availability to Nearby Green Areas", *Landscape and Urban Planning*, Vol. 83, No. 2 – 3, pp. 115 – 126.

Goldberg, J. H., Kotval, X. P., 1999, "Computer Interface Evaluation using eye Movements: Methods and Constructs", *International Journal of Industrial Ergonomics*, Vol. 24, No. 6, pp. 631 – 645.

Gundersen, V., Stange, E. E., Kaltenborn, B. P., Vistad, O. I., 2017, "Public Visual Preferences for Dead Wood in Natural Boreal Forests: The

Effects of Added Information", *Landscape and Urban Planning*, Vol. 158, pp. 12 – 24.

Hahnemann, D., Beatty, J., 1967, "Pupillary Responses in a Pitch-discrimination Task", *Perception and Psychophysics*, Vol. 2, pp. 101 – 105.

Han, K. T., 2010, "An Exploration of Relationship Among the Responses to Natural Scenes: Scenic Beauty, Preference, and Restoration", *Environment and Behavior*, Vol. 42, No. 2, pp. 243 – 270.

Hands, D. E., Brown, R. D., 2002, "Enhancing Visual Preference of Ecological Rehabilitation Sites", *Landscape and Urban Planning*, Vol. 58, pp. 57 – 70.

Hartig, T., Evans, G. W., Jamner, L. D., Davis, D. S., Gärling, T., 2003, "Tracking Restoration in Natural and Urban Field Settings", *Journal of Environmental Psychology*, Vol. 23, No. 2, pp. 109 – 123.

Hedblom, M., Heyman, E., Antonsson, H., Gunnarsson, B., 2014, "Bird Song Diversity Influences Young People's Appreciation of Urban Landscapes", *Urban Forestry & Urban Greening*, Vol. 13, No. 3, pp. 469 – 474.

Helliwell, D. R., 1976, "Perception and Preference in Landscape Appreciation—A Review of the Literature", *Landscape Research*, Vol. 1, No. 12, pp. 4 – 6.

Hong, J. Y., Jeon, J. Y., 2013, "Designing Sound and Visual Components for Enhancement of Urban Soundscapes", *Journal of the Acoustical Society of America*, Vol. 134, No. 3, pp. 2026 – 2036.

Huang, Q., Yang, M., Jane, H. A., Li, S., Bauer, N., 2020, "Trees, Grass, or Concrete? The Effects of Different Types of Environments on Stress Reduction", *Landscape and Urban Planning*, Vol. 193, 103654.

Hull, R. B., Stewart, W. P., 1992, "Validity of Photo-based Scenic Beauty Judgments", *Journal of Environmental Psychology*, Vol. 12, No. 2, pp. 101 – 114.

Hume, K., Ahtamad, M., 2013, "Physiological Responses to and Subjective Estimates of Soundscape Elements", *Applied Acoustics*, Vol. 74, No. 2, pp. 275 – 281.

Humphrey, K. G. , 2009, "Domain Knowledge Moderates the Influence of Visual Saliency in Scene Recognition", *British Journal of Psychology*, Vol. 100, No. 2, pp. 377 -398.

Hunter, M. D. , Eickhoff, S. B. , Pheasant, R. J. , Douglas, M. J. , Watts, G. R. , Farrow, T. F. D. , Hyland, D. , Kang, J. , Wilkinson, I. D. , Horoshenkov, K. V. , Woodruff, P. W. R. , 2010, "The State of Tranquility: Subjective Perception Is Shaped By Contextual Modulation of Auditory Connectivity", *Neuroimage*, Vol. 53, No. 2, pp. 611 -618.

Jacob, R. J. K. , Karn, K. S. , 2003, "Eye Tracking in Human-computer Interaction and Usability Research: Ready to Deliver the Promises", in Hyönä J. , Radach R. and Deubel H. , eds. *The Mind' s Eye: Cognitive and Applied Aspects of eye Movement Research.* Amsterdam: Elsevier Science, pp. 573 -605.

Jean-Christophe, F. , 2020, "Coupling Crowd-sourced Imagery and Visibility Modelling to Identify Landscape Preferences at the Panorama Level", *Landscape and Urban Planning*, Vol. 197, 103756.

Jeon, J. Y. , Lee, P. . J, You, J. , Kang, J. , 2010, "Perceptual Assessment of Quality of Urban Soundscapes with Combined Noise Sources and Water Sounds", *Journal of the Acoustical Society of America*, Vol. 127, No. 3, pp. 1357 -1366.

Job, R. F. S. , Hatfield, J. , 2001, "The Impact of Soundscape, Enviroscape, and Psychscape on Reaction to Noise: Implications for Evaluation and Regulation of Noise Effects", *Noise Control Engineering Journal*, Vol. 49, No. 3, pp. 120 -124.

Just, M. A. , Carpenter, P. A. , 1976, "Eye Fixations and Cognitive Processes", *Cognitive Psychology*, Vol. 8, No. 4, pp. 441 -480.

Kalivoda, O. , Vojar, J. , Skřivanová, Z. , Zahradník, D. , 2014, "Consensus in Landscape Preference Judgments: The Effects of Landscape Visual Aesthetic Quality and Respondents' Characteristics", *Journal of Environmental Management*, Vol. 137, pp. 36 -44.

Kang, J. , Schulte-Fortkamp, B. , Fiebig, A. , Botteldooren, D. , 2015, "Mapping of Soundscape", in Kang J. and Schulte-fortkamp B. , eds. *Sounds-*

cape and the Built Environment. Boca Raton: CPC Press, pp. 161 – 196.

Kaplan, R., 1985, "The Analysis of Perception via Preference: A Strategy for Studying how the Environment is Experienced", *Landscape Planning*, Vol. 12, No. 2, pp. 161 – 176.

Kaplan, R., Kaplan, S., Brown, T., 1989, "Environmental Preference: A Comparison of Four Domains of Predictors", *Environment and Behaviour*, Vol. 21, pp. 509 – 529.

Kaplan, S., 1975, "An Informal Model for the Prediction of Preference", in Zube E. H., Brush R. O. and Fabos J. G., eds. *Landscape Assessment: Values, Perception, and Resources.* Stroudsburg, PA: Dowden, Hutchinson & Ross, pp. 92 – 101.

Kaplan, S., 1979, "Concerning the Power of Content-identifying Methodologies", in Daniel T. C. and Zube E. H., eds. *Assessing Amenity Resource Values.* Fort Collins, CO: U. S. Department of Agriculture Forest Service, pp. 4 – 13.

Kaplan, S., 1992, "Perception and Landscape: Conceptions and Misconceptions", in Nasar J. L., ed. *Environmental Aesthetics, Theory, Research and Applications*, Cambridge: Cambridge University Press, pp. 11 – 26.

Kaplan, S., 1995, "The Restorative Benefits of Nature: Toward an Integrative Framework", *Journal of Environmental Psychology*, Vol. 15, pp. 169 – 182.

Kasten, E. P., Gage, S. H., Fox, J., Joo, W., 2012, "The Remote Environmental Assessment Laboratory's Acoustic Library: An Archive for Studying Soundscape Ecology", *Ecological Informatics*, Vol. 12, pp. 50 – 67.

Kasten, E. P., Mckinley, P. K., Gage, S. H., 2010, "Ensemble Extraction for Classification and Detection of Bird Species", *Ecological Informatics*, Vol. 5, No. 3, pp. 153 – 166.

Kazmierow, B. J., Hickling, G. J., Booth, K. L., 2000, "Ecological and Human Dimensions of Tourism-related Wildlife Disturbance: White Herons at Waitangiroto, New Zealand", *Human Dimensions of Wildlife*, Vol. 5, No. 2, pp. 1 – 14.

Kennedy, E. V., Holderied, M. W., Mair, J. M., Guzman, H. M., Simpson, S. D., 2010, "Spatial Patterns in Reef-generated Noise Relate to Habitats and Communities: Evidence from a Panamanian Case Study", *Journal of Experimental Marine Biology and Ecology*, Vol. 395, No. 1 – 2, pp. 85 – 92.

Lange, E., Bishop, I., 2001, "Our Visual Landscape: Analysis, Modeling, Visualization and Protection", *Landscape and Urban Planning*, Vol. 54, No. 1 – 4, pp. 1 – 3.

Leung, T. M., Xu, J. M., Chau, C. K., Tang, S. K., Pun-Cheng, L. S. C., 2017, "The Effects of Neighborhood Views Containing Multiple Environmental Features on Road Traffic Noise Perception at Dwellings", *The Journal of the Acoustical Society of America*. Vol. 141, pp. 2399 – 2407.

Li, H., Chau, C., Tang, S., 2010, "Can Surrounding Greenery Reduce Noise Annoyance at Home?", *Science of the Total Environment*. Vol. 408, pp. 4376 – 4384.

Li, X., Xia, B., Lusk, A., Liu, X., Lu, N., 2019, "The Human-made Paradise: exploring the Perceived Dimensions and their Associations with Aesthetic Pleasure for Liu Yuan, A Chinese Classical Garden", *Sustainability*, Vol. 11, No. 5, pp. 1350 – 1366.

Litton, R. B., 1974, "Visual Vulnerability of Forest Landscapes", *Journal of Forestry*, Vol. 72, No. 7, pp. 392 – 397.

Liu, J., Kang, J., Behm, H., Luo, T., 2014, "Effects of Landscape on Soundscape Perception: Soundwalks in City Parks", *Landscape and Urban Planning*, Vol. 123, pp. 30 – 40.

Lohse, G. L., 1997, "Consumer eye Movement Patterns on Yellow Pages Advertising", *Journal of Advertising*, Vol. 26, No. 1, pp. 61 – 73.

Lohse, G. L., Wu, D. J., 2001, "Eye Movement Patterns on Chinese Yellow Pages Advertising", *Electronic Markets*, Vol. 11, No. 2, pp. 87 – 96.

Lowenthal, D., 1975, "Past time, Present Place: Landscape and Memory", *Geographical Review*, Vol. 65, No. 1, pp. 1 – 36.

Lowenthal, D., 1977, "The Bicentennial Landscape: A Mirror Held up to the Past", *Geographical Review*, Vol. 67, No. 3, pp. 249 – 267.

Mace, B. L., Corser, G. C., Zitting, L., Denison, J., 2013, "Effects of Overflights on the National Park Experience", *Journal of Environmental Psychology*, Vol. 35, pp. 30 – 39.

Maffei, L., Masullo, M., Aletta, F., Gabriele, M. D., 2013, "The Influence of Visual Characteristics of Barriers on Railway Noise Perception", *Science of the Total Environment*, Vol. 445 – 446 (January), pp. 41 – 47.

Matin, E., 1974, "Saccadic Suppression: A Review and an Analysis", *Psychological Bulletin*, Vol. 81, No. 12, p. 899.

Munro, J., Williamson, I., Fuller, S., 2017, "Traffic Noise Impacts on Urban Forest Soundscapes in South-eastern Australia", *Austral Ecology*, Vol. 43, No. 2, pp. 180 – 190.

Nilsson, M. E., Berglund, B., 2006, "Soundscape Quality in Suburban Green Areas and City Parks", *Acta Acustica United with Acustica*, Vol. 92, No. 6, pp. 903 – 911.

Nordh, H., Alalouch, C., Hartig, T., 2011, "Assessing Restorative Components of Small Urban Parks Using Conjoint Methodology", *Urban Forestry & Urban Greening*, Vol. 10, pp. 95 – 103.

Nordh, H., Hagerhall, C. M., Holmqvist, K., 2013, "Tracking Restorative Components: Patterns in eye Movements as A Consequence of A Restorative Rating Task", *Landscape Research*, Vol. 38, No. 1, pp. 101 – 116.

Obrien, L., Burls, A., Townsend, M., Ebden, M., 2011, "Volunteering in Nature as A Way of Enabling People to Reintegrate into Society", *Perspectives in Public Health*, Vol. 131, No. 2, pp. 71 – 81.

Ohrstrom, E., Skanberg, A., Svensson, H., Gidlof-Gunnarsson, A., 2006, "Effects of Road Traffic Noise and the Benefit of Access to Quietness", *Journal of Sound and Vibration*, Vol. 295, No. 1 – 2, pp. 40 – 59.

Oldoni, D., De Coensel, B., Boes, M., Rademaker, M., De Baets, B., Van Renterghem, T., Botteldooren, D., 2013, "A Computational Model of Auditory Attention for use in Soundscape Research", *Journal of the Acoustical Society of America*, Vol. 134, No. 1, pp. 852 – 861.

Orban, E., Sutcliffe, R., Dragano, N., Jckel, K. H., Moebus, D., 2017, "Residential Surrounding Greenness, Self-rated Health and Interrelations with Aspects of Neighborhood Environment and Social Relations", *Journal of Urban Health*, Vol. 94, No. 2, pp. 158 – 169.

Parsons, R., Daniel, T. C., 2002, "Good Looking: In Defense of Scenic Landscape Aesthetics", *Landscape and Urban Planning*, Vol. 60, pp. 43 – 56.

Pekin, B. K., Jung, J., Villanueva-Rivera, L. J., Pijanowski, B. C., Ahumada, J. A., 2012, "Modeling Acoustic Diversity using Soundscape Recordings and LIDAR-derived Metrics of Vertical Forest Structure in A Neotropical Rainforest", *Landscape Ecology*, Vol. 27, pp. 1513 – 1522.

Pheasant, R. J, Horoshenkov, K., Watts, G. R., Barrett, B. T., 2008, "The Acoustic and Visual Factors Influencing the Construction of Tranquil Space in Urban and Rural Environments: tranquil Spaces-quiet Places?", *Journal of the Acoustical Society of America*, Vol. 123, pp. 1446 – 1457.

Pheasant, R. J., Watts, G. R., 2015, "Towards Predicting Wildness in the United Kingdom", *Landscape and Urban Planning*, Vol. 133, pp. 87 – 97.

Pieretti, N., Farina, A., Morri, D., 2011, "A new Methodology to Infer the Singing Activity of an Avian Community: the Acoustic Complexity Index (ACI)", *Ecological Indicators*, Vol. 11, No. 3, pp. 868 – 873.

Pieters, R., Rosbergen, E., Wedel, M., 1999, "Visual Attention to Repeated Print Advertising: A Test of Scanpath Theory", *Journal of Marketing Research*, Vol. 36, No. 4, pp. 424 – 438.

Pijanowski, B. C., Villanueva-Rivera, L. J., Dumyahn, S. L., Farina, A., Krause, B. L., Napoletano, B. M., Gage, S. H., Pieretti, N., 2011, "Soundscape Ecology: The Science of Sound in the Landscape", *BioScience*, Vol. 61, No. 3, pp. 203 – 216.

Preis, A., Kocinski, J., Hafke-Dys, H., Wrzosek, M., 2015, "Audiovisual Interactions in Environment Assessment", *Science of the Total Environment*, Vol. 523, pp. 191 – 200.

Radford, C. A., Stanley, J. A., Tindle, C. T., Montgomery, J. C., Jeffs, A. G., 2010, "Localised Coastal Habitats have Distinct Underwater

Sound Signatures", *Marine Ecology Progress Series*, Vol. 401, pp. 21 – 29.

Raimbault, M., Dubois, D., 2005, "Urban Soundscapes: Experiences and Knowledge", *Cities*, Vol. 22, No. 5, pp. 339 – 350.

Raimbault, M., Lavandier, C., Berengier, M., 2003, "Ambient Sound Assessment of Urban Environments: Field Studies in two French Cities", *Applied Acoustics*, Vol. 64, No. 12, pp. 1241 – 1256.

Ratcliffe, E., Gatersleben, B., Sowden, P. T., 2013, "Bird Sounds and their Contributions to Perceived Attention Restoration and Stress Recovery", *Journal of Environmental Psychology*, Vol. 36, pp. 221 – 228.

Rayner, K., 1998, "Eye Movements in Reading and Information Processing: 20 years of Research", *Psychological Bulletin*, Vol. 124, No. 3, pp. 372 – 422.

Ren, X., Kang, J., 2015a, "Effects of the Visual Landscape Factors of an Ecological Waterscape on Acoustic Comfort", *Applied Acoustics*, Vol. 96, pp. 171 – 179.

Ren, X., Kang, J., 2015b, "Interactions between Landscape Elements and Tranquility Evaluation Based on eye Tracking Experiments", *The Journal of the Acoustical Society of America*, Vol. 138, pp. 3019 – 3022.

Ribe, R. G., 1989, "The Aesthetics of Forestry: What has Empirical Preference Research Taught Us?", *Environmental Management*, Vol. 13, No. 1, pp. 55 – 74.

Roth, M., 2006, "Validating the Use of Internet Survey Techniques in Visual Landscape Assessment—an Empirical Study from Germany", *Landscape and Urban Planning*, Vol. 78, No. 3, pp. 179 – 192.

Schafer, R. M., 1999, *The Soundscape-Our Sonic Environment and the Tuning of the World*, Rochester, VT: Destiny Books.

Scott, A., 2002, "Assessing Public Perception of Landscape: the LANDMAP Experience", *Landscape Research*, Vol. 27, No. 3, pp. 271 – 295.

Shafer, E. L., Brush, R. O., 1977, "How to Measure Preferences for Photographs of Natural Landscapes", *Landscape Planning*, Vol. 4, pp. 237 – 256.

Shuttleworth, S., 1980, "The use of Photographs as an Environment Presentation Medium in Landscape Studies", *Journal of Environmental Management*,

Vol. 11, No. 1, pp. 61 - 76.

Southworth, M., 1969, "The Sonic Environment of Cities", *Environment and Behavior*, Vol. 1, pp. 49 - 70.

Stewart, T. R., Middleton, P., Downton, M., Ely, D., 1984, "Judgments of Photographs vs. field Observations in Studies of Perception and Judgment of the Visual Environment", *Journal of Environmental Psychology*, Vol. 4, No. 4, pp. 283 - 302.

Sueur, J., Farina, A., Gasc, A., Pieretti, N., Pavoine, S., 2014, "Acoustic Indices for Biodiversity Assessment and Landscape Investigation", *Acta Acustica united with Acustica*, Vol. 100, No. 4, pp. 772 - 781.

Sullivan, W. C., Lovell, S. T., 2006, "Improving the Visual Quality of Commercial Development at the Rural-urban Fringe", *Landscape and Urban Planning*, Vol. 77, No. 1 - 2, pp. 152 - 166.

Sun, K., De Coensel, B., Echevarria Sanchez, G. M., Van Renterghem, T., Botteldooren, D., 2018, "Effect of Interaction Between Attention Focusing Capability and Visual Factors on Road Traffic Noise Annoyance", *Applied Acoustics*, Vol. 134, pp. 16 - 24.

Szeremeta, B., Zannin, PHT., 2009, "Analysis and Evaluation of Soundscapes in Public Parks Through Interviews and Measurement of Noise", *Science of the Total Environment*, Vol. 407, No. 24, pp. 6143 - 6149.

Tabrizian, P., 2020, "Modeling Restorative Potential of Urban Environments by Coupling Viewscape Analysis of Lidar Data with Experiments in Immersive Virtual Environments", *Landscape and Urban Planning*, Vol. 195, 103704.

Tabrizian, P., Baran, P. K., Van Berkel, D., Mitasova, H., Meentemeyer, R., 2020, "Modeling Restorative Potential of Urban Environments by Coupling Viewscape Analysis of Lidar Data with Experiments in Immersive Virtual Environments", *Landscape and Urban Planning*, Vol. 195, 103704.

Torija, A. J., Ruiz, D. P., Ramos-Ridao, A., 2011, "Required Stabilization time, Short-term Variability and Impulsiveness of the Sound Pressure Level to Characterize the Temporal Composition of Urban Soundscapes", *Applied Acoustics*, Vol. 72, No. 2 - 3, pp. 88 - 99.

Trifa, V. M., Kirschel, A. N. G., Taylor, C. E., Vallejo, E. E., 2008, "Automated Species Recognition of Antbirds in A Mexican Rainforest Using Hidden Markov Models", *Journal of the Acoustical Society of America*, Vol. 123, No. 4, pp. 2424 – 2431.

Ulrich, R. S., 1977, "Visual Landscape Preference: A Model and Application", *Man-Environment Systems*, Vol. 7, No. 5, pp. 279 – 293.

Ulrich, R. S., 1981, "Natural Versus Urban Scenes: Some Psychophysiological Effects", *Environment & Behavior*, Vol. 13, No. 5, pp. 523 – 556.

Ulrich, R. S., 1983, "Aesthetic and Affective Response to Natural Environment", in Altman I. and Wohlwill J. F. eds. *Behavior and the Natural Environment*, Springer, Boston, MA, pp. 85 – 125.

Ulrich, R. S., 1993, "Biophilia, Biophobia, and Natural Landscapes", in Kellert S. E. and Wilson E. eds. *The Biophilia Hypothesis*, Washington, DC: Island Press, pp. 73 – 137.

Ulrich, R. S., Simons, R. F., Losito, B. D., Fiorito, E., Miles, M. A., Zelson, M., 1991, "Stress Recovery During Exposure to Natural and Urban Environments", *Journal of Environmental Psychology*, Vol. 11, pp. 201 – 230.

Van Renterghem, T., 2019, "Towards Explaining the Positive Effect of Vegetation on the Perception of Environmental Noise", *Urban Forestry & Urban Greening*, Vol. 40, pp. 133 – 144.

Van Renterghem, T., Botteldooren, D., 2016: "View on Outdoor Vegetation Reduces Noise Annoyance for Dwellers Near Busy Roads", *Landscape and Urban Planning*, Vol. 148, pp. 203 – 215.

Villanueva-Rivera, L. J., Pijanowski, B. C., Doucette, J., Pekin, B. K., 2011, "A Primer of Acoustic Analysis for Landscape Ecologists", *Landscape Ecology*, Vol. 26, No. 9, pp. 1233 – 1246.

Viollon, S., Lavandier, C., Drake, C., 2002, "Influence of Visual Setting on Sound Ratings in an Urban Environment", *Applied Acoustics*, Vol. 63, pp. 493 – 511.

Wang, R. H., Zhao, J. W., Liu, Z. Y., 2016, "Consensus in Visual Preferences: The Effects of Aesthetic Quality and Landscape Types", *Urban*

Forestry & Urban Greening, Vol. 20, pp. 210 – 217.

Wang, R. H., Zhao, J. W., Meitner, M. J., Hu, Y., Xu, X., 2019, "Characteristics of Urban Green Spaces in Relation to Aesthetic Preference and Stress Recovery", *Urban Forestry & Urban Greening*, Vol. 41, pp. 6 – 13.

Watts, G. R., Pheasant, R. J., 2013, "Factors Affecting Tranquillity in the Countryside", *Applied Acoustics*, Vol. 74, pp. 1094 – 1103.

Watts, G. R., Pheasant, R. J., Horoshenkov, K., 2011, "Predicting Perceived Tranquility in Urban Parks and Open Spaces", *Environment and Planning B: Planning and Design*, Vol. 38, pp. 585 – 594.

Wedel, M., Pieters, R., 2000, "Eye Fixations on Advertisements and Memory for Brands: A Model and Findings", *Marketing Science*, Vol. 19, No. 4, pp. 297 – 312.

Wells, N. M., 2000, "At Home with Nature: Effects of 'Greenness' on Children's Cognitive Functioning", *Environment and behavior*, Vol. 32, No. 6, pp. 775 – 795.

White, E. V., Gatersleben, B., 2011, "Greenery on Residential Buildings: Does it Affect Preferences and Perceptions of Beauty?", *Journal of Environmental Psychology*, Vol. 31, pp. 89 – 98.

White, M. P., Alcock, I., Wheeler, B. W., Depledge, M. H., 2013, "Would you be Happier Living in A Greener Urban Area? A Fixed-effects Analysis of Panel Data", *Psychological science*, Vol. 24, No. 6, pp. 920 – 928.

Yao, Y., Zhu, X., Xu, Y., Yang, H., Xian, W., Li, Y., Zhang, Y., 2012, "Assessing the Visual Quality of Green Landscaping in Rural Residential Areas: The Case of Changzhou, China", *Environmental Monitoring and Assessment*, Vol. 184, pp. 951 – 967.

Yi, L., Jia, R. S., Liu, R., Chen, T. M., 2018, "Evaluation Indicators for Visually Induced Motion Sickness in Virtual Reality Environment", *Space Medicine & Medical Engineering*, Vol. 31, No. 4, pp. 437 – 445.

Zhang, B., Shi, L., Di, G., 2003, "The Influence of the Visibility of the Source on the Subjective Annoyance Due to its Noise", *Applied Acoustics*, Vol. 64, pp. 1205 – 1215.

Zhang, M., Kang, J., 2007, "Towards the Evaluation, Description, and Creation of Soundscapes in Urban Open Spaces", *Environment & Planning B Planning & Design*, Vol. 34, No. 1, pp. 68 – 86.

Zhao, J. W., Luo, P. J., Wang, R. H., Cai, Y. L., 2013, "Correlations Between Aesthetic Preferences of River and Landscape Characters", *Journal of Environmental Engineering and Landscape Management*, Vol. 21, pp. 123 – 132.

Zhao, J. W., Xu, W. Y., Ye, L., 2018, "Effects of Auditory-visual Combinations on Perceived Restorative Potential of Urban Green Space", *Applied Acoustics*, Vol. 141, pp. 169 – 177.

Zou, B. C., Liu, Y., Guo, M., 2018, "Stereoscopic Visual Comfort and its Measurement: A Review", *Journal of Computer-Aided Design & Computer Graphics*, Vol. 30, No. 9, pp. 1589 – 1597.

Zube, E. H., 1970, "Evaluation of the Visual and Cultural Environment", *Journal of Soil and Water Conservation*, Vol. 25, pp. 37 – 141.

Zube, E. H., 1973, "Rating Everyday Rural Landscapes of the Northeastern US", *Landscape Architecture*, Vol. 63, No. 4, pp. 371 – 375.

Zube, E. H., 1974, "Cross-disciplinary and Intermode Agreement on the Description and Evaluation of Landscape Resources", *Environment and Behavior*, Vol. 6, No. 1, pp. 69 – 90.

Zube, E. H., Sell, J. L., Taylor, J. G., 1982, "Landscape Perception: Research, Application and Theory", *Landscape Planning*, Vol. 9, No. 1, pp. 1 – 33.